中国白茶

一部泡在世界史中的香味传奇

华中科技大学出版社
http://www.hustp.com

中国·武汉

图书在版编目（CIP）数据

中国白茶：一部泡在世界史中的香味传奇 / 吴锡端，周滨著. — 武汉：华中
科技大学出版社，2017.4（2023.8重印）
ISBN 978-7-5680-2644-4

Ⅰ.①中… Ⅱ.①吴… ②周… Ⅲ.①茶文化—中国 Ⅳ.①TS971.21

中国版本图书馆CIP数据核字（2017）第052664号

中国白茶：一部泡在世界史中的香味传奇
Zhongguo Baicha:Yibu Pao zai Shijieshi Zhong de Xiangwei Chuanqi　　　　吴锡端　周滨　著

策划编辑：杨　静
责任编辑：薛　蒂
封面设计：红杉林
手　　绘：廖芳芳
责任校对：何　欢
责任监印：张贵君
出版发行：华中科技大学出版社（中国·武汉）　　　电话：（027）81321913
　　　　　武汉市东湖新技术开发区华工科技　　　　邮编：430223
录　　排：水长流文化
印　　刷：武汉精一佳印刷有限公司
开　　本：710mm×1000mm　1/16
印　　张：24.25
字　　数：310千字
版　　次：2023年8月第1版第9次印刷
定　　价：98.00元

序：中国白茶，
因健康而成的"白茶魅力"

作为一名茶叶科技工作者，我去过国内外不少产好茶的名山大川。纵观中外，可以断言，今天是一个属于中国茶的时代！还从来没有一个时代人们如此看重茶的健康与文化属性。

也因此，我这次很欣喜地看到我的两位老朋友——吴锡端先生和周滨女士，合著了一本《中国白茶：一部泡在世界史中的香味传奇》。他们是出于更高的立意，站在为整体消费者考虑的角度，帮助大家去懂得整个中国范围内的白茶究竟是什么，从哪来，为何香，怎么喝，如何贮存以及与此相关的每一个时代的故事和产生的原因，这是难能可贵的。

吴锡端先生原是中国茶叶流通协会秘书长，现在任职于祥源茶业。他有丰富的在茶行业一线调研和观察分析的经验，是一位实干型茶叶专家；而周滨女士是中国茶业内的知名媒体人、茶文化作家，有对产区和产业的独到认识。他们著作颇丰，能够联手梳理中国白茶的发展历程，这既是读者的幸运，也为我们科研工作者提供了参考，让中国的茶科学和茶文化普及之路走得更顺畅、更长远。

提到中国白茶，不得不说的就是它的自然与健康，因为白茶是一种加工过程看似简单，实则因其天然而奥妙无穷的茶。我是自2011年开始，正式研究白茶与人类健康命题的。在那一年，福鼎市政府邀请我们团队启动

"福鼎白茶的保健养生功效研究"项目，同时国家茶叶产业技术体系深加工研究室确定了"白茶的保健作用机理"研究项目。我们研究项目组采用最先进的现代仪器分析技术，在对白茶品质与功能成分进行全面系统分析的基础上，构建生物模型和细胞模型，从化学物质组学、细胞生物学和分子生物学角度上探讨了白茶的美容抗衰老、抗炎清火、降脂减重、调降血糖、调控尿酸、保护肝脏、抵御病毒等保健养生功效及其作用机理。研究结果表明，常饮白茶确实有如下作用：

1. 白茶具有显著的自由基清除能力，可有效抵御人们因不良环境或生活习惯引起的皮肤细胞衰老，具有较好的美容抗衰老作用。同时，对各种辐射导致的皮肤细胞衰老具有较强的抑制作用。

2. 白茶可有效调节人体糖脂代谢，激活低密度脂蛋白受体基因，调节β细胞的胰岛素分泌，改善胰岛素抵抗，有效调降血脂和血糖水平。

3. 陈年老白茶可有效提高肝脏的抗氧化能力，修复人们因过量饮酒引起的肝损伤。

4. 白茶可有效调节人体免疫机能，增强人们抵御病毒的能力。

5. 白茶可有效调控人体免疫因子和炎症因子，具有明显的抗炎清火功效，且陈年老白茶表现尤为突出。

6. 陈年老白茶可有效调控肠道微生物种群分布结构，增加双歧杆菌、乳酸杆菌等有益微生物数，降低大肠杆菌、金色葡萄球菌等有害微生物数，具有较好的调理肠胃的作用。

茶是一种简单易得的饮品，也是中国人长期以来无论从精神还是物质层面都极其认可的饮品。而中国白茶，又因这个时代的人们对健康、对自然发自内心的呼唤，在几年间犹如一匹黑马异军突起，其曝光率和知名度大幅提升。福鼎白茶甚至创造了一个奇迹——白茶从默默无闻到骤然火爆，它点燃了消费者的热情。

　　总之，我期望天下所有爱茶人，能够怀着愉悦的心情，品尝和感受茶的色香味形之美妙和魅力，通过茶中富含的有益活性成分而远离亚健康。这是多么令人快乐的事情！

湖南农业大学茶学学科带头人

中国茶叶学会副理事长　　　　　　刘仲华教授

中国茶叶流通协会副会长

中国国际茶文化研究会副会长

2017年3月1日

自序：中国白茶的故事

近两百年间有关中国白茶的故事，似乎总是有些朦胧。如果按学者陈椽教授对中国六大茶类的分类方法看待白茶，它实在是一个年轻的品类。白茶初起时，不过是乡野之物，它本性淡泊质朴，曾被民间作为去火消炎、治麻疹的良药。细说起来，白茶是中国茶叶家族中制作最简单也最接近天然的茶类，它不炒不揉，以萎凋为其核心制作工艺。在加工过程中阳光与风的参与、微产区与小气候的融合、人的经验与技艺的演绎，造就了它"淡泊清雅、极利身心"的特点和保健性。

我们品饮白茶那淡淡的茶香。一口白茶入口时，隔绝了都市丛林中的种种纷扰，甚至抵御了雾霾。白茶对呼吸道的保护作用，近年来屡现于各种研究报告和新闻调查中。这对消费者来说，是一种福音。

曾几何时，白茶被人与绿茶混为一谈，少有人清楚白茶的起源、品种、种植区域、制作工艺、品饮技巧、文化背景以及市场现状。为此，我们两位在业内生产经营市场和文化经济领域多年的作者，怀着让中国茶叶更好地发展的期望，也本着让所有消费者看懂、喝透中国白茶的初心，历时一年多，行经数千公里，足迹踏遍了中国白茶几乎所有的主产区后，收集了众多白茶样本，创作出了这一本厚厚的《中国白茶：一部泡在世界史中的香味传奇》，谨以此表达我们对中国白茶以及中国白茶所处的这个时代的一点敬意。

这个时代有许多值得记录的事，也有许多可爱的人，是他们合力将白茶推到大众眼前，使白茶成为人人都能消费的健康饮品，让白茶发挥了它的根本作用，又让白茶成为大众话题，进入万户千家，这是极可贵的。为此，我们将这种种可爱收录其中，成为将来回首往事的见证，也让大众了解中国白茶所走过的道路。

总之，这既是一部中国白茶的编年史，也是一段中国白茶的风云录，更是一本关于中国白茶的小词典。你想了解的有关中国白茶的信息，我们已尽力奉献。

唯愿你，喝茶长精神，知己千杯少，你我饮杯中的白茶，记录中国白茶的故事。

吴锡端　　周　滨

2017年3月8日

目录

第三章

现场·风华绝代

第一章

发现・山林之茶

①

从福鼎开始，
追寻白茶的样貌

我们进入福鼎的时候，天已经黑了。

　　站在以新鲜海货出名的福鼎小吃一条街上，许多人闲闲地走着。各种街市喧闹和我们此行的目的却形成一种反差——为了厘清在中国六大茶类中看似简单却奥妙无穷的白茶的身世，我们来到这个位于闽东沿海的小城，走进许多传说和历史的深处，要给中国白茶一个真实的回答。

　　而答案在哪里呢？或许要回到两百多年前的这片海。

　　公元1739年，好像是个平常的年份，而这一年，是时年29岁的清高宗爱新觉罗·弘历即位大清君主的第四年。皇帝血气方刚。

这时候的中国，正值盛世，而位于中国南方福建东部的小县福鼎就更年轻。它才刚刚诞生，是由霞浦县划出劝儒乡的望海、育仁、遥香、廉江四里，单置为福鼎县，归属福宁府。

这个叫福鼎的地方，在历史上并不起眼，那时也不发达，没有人会想到，两百多年后的今天，它竟因一片茶叶而名扬四海。

这片茶叶的名字，叫福鼎白茶。

福鼎白茶的诞生和兴盛，与福鼎建县的背景有着密切关系——在经过明末清初相当长一段时间的休养生息后，中国的经济从康熙年间开始逐步发展。因为没有了战乱干扰，人口也同时大幅度增长。

而清代中国几乎是个纯农业国，皇帝要安定社会秩序，最好的办法就是鼓励民间的自发生产。所以从顺治、康熙两朝开始，政府就屡次召集生活无着的流民，鼓励他们到各省各地垦荒。

顺治六年（1649年），清政府颁布《垦荒令》，命令各级政府"凡各

● 福鼎小吃街；乾隆画像

处逃亡流民，不论原籍、别籍均广加招徕，编入保甲，使之安心乐业，查本地方无主荒田，州、县官给以印信执照开垦耕种，永准为业。俟耕至六年后，有司官亲察成熟亩数，抚按勘实，奏请奉旨，方议征收钱粮。其六年以前不许开征，不许分毫佥派差徭"。

　　这显然是一项仁政。到了康熙手上时，这位在清朝历史上最受好评的君主为了保证垦荒政策的落实，进一步修订了《垦荒令》，明确了"滋生人丁，永不加赋"等优惠政策，并把垦荒的多少和人口的增减作为对州县地方官员年终考绩的一项依据。

　　这种由皇帝牵头、举国推行的"垦荒"让当时经济还十分欠发达的福建地区，掀起了围垦造田的高潮。而耕地面积多了，粮食产量和国家赋税也相应地增多，百姓生活越来越稳定，生产物资十分丰富，原来的集镇市场不再能满足需求，货币与货物间的加速循环流动成为民众和政府的共同愿望。

● 山海之间的福鼎

　　这可以由一件事标记，就是福鼎沙埕港的开发。

　　清康熙二十二年（1683年），清廷收复台湾。同年，沙埕港正式设贸易口岸，出口闽浙一带的茶叶、烟草、明矾等物资。清康熙二十三年（1684年），政府放开自明代以来的"海禁"政策，于是闽东沿海地区的农、渔、牧业生产都发展了起来，尤其茶叶的外销量日趋增加，整个对外贸易的发展蒸蒸日上。

　　出于加强统治、管控金融的政治需要，乾隆三年（1738年），先由福宁府知府提出申请，后由闽浙总督上疏大清高宗皇帝，到乾隆四年（1739年），福鼎终于经清朝中央政府的审批，从霞浦县劝儒乡中划出望海、遥香、育仁、廉江四里，独立置县。福鼎建县后仍属福宁府。

　　在福鼎，其实关于茶的传说可以追溯到隋唐之前。唐代著名茶学家陆羽在其《茶经》中曾引用隋代《永嘉图经》中的一句记载："永嘉县东三百里有白茶山。"而近代茶学家、茶业教育家、制茶专家陈橼教授则在

《茶业通史》中指出，永嘉县东三百里是大海，应为南三百里，南三百里正是闽东的福鼎。

而可追溯的民间传说那就更遥远了：按照福鼎当地人的说法，白茶起源可以追溯到尧帝时代，传说当年福鼎太姥山上有一位蓝姑，以种茶为业，为人乐善好施，深得人心。而她将所种的绿雪芽茶作为治麻疹的良药，救活了无数小孩子。

这位蓝姑被福鼎人称为"太姥娘娘"，而传说中她在太姥山上种的绿雪芽茶，就是四千年前的古白茶。在所有的文献资料及传说中，无论学者还是普通百姓，都认为中国白茶的兴起得益于中国人原本就有的"药食同源"的理念，尤其在医学很不发达的古代，中国所有的茶叶都是从药用开始的。而一开始没有制茶方法，人们就用自然晾青来处理鲜叶，这也是源于一种古老的制作草药的方法。

不过传说毕竟是传说，真正意义上的福鼎白茶的起源，依照中国茶业泰斗张天福的说法（张天福《福建白茶的调查研究》），应该以清嘉庆元年（1796年）在福鼎创制的银针作为标志。

因为古代书中记载的各种"白茶"，并非现代茶叶加工分类学中所说的"白茶"。一是从品种的角度来说，古代人常常将嫩梢芽叶黄化或白化的茶叶称为白茶，而其实很多是绿茶（比如安吉白茶）；二是从加工工艺的角度来说，在明代以前的各类著作中，均无提到白茶的关键工序——萎凋。

另一位茶学家张堂恒也在《中国制茶工艺》一书中提到："乾隆六十年（1795年），福鼎茶农采摘普通茶树品种的芽毫制造银针。"

而当时的福鼎茶业发展，是个什么情况呢？还要从中国茶这时在世界茶业中的地位说起。其实在清代以前，中国人注重的一直是绿茶，尽管明代就已出现红茶（见《多能鄙事》），但直到清中期后才开始快速发展。而茶类

● 太姥山上的绿雪芽茶树；太姥山上的太姥娘娘雕像

的不断丰富也是清代茶业的特征，除红茶外，乌龙茶（青茶）、白茶相继产生，黑茶（主要是普洱茶）也开始兴盛于边贸市场。

最早让中国茶在世界扬名的，是1610年将中国红茶（闽北地区的正山小种）运往西欧的荷兰东印度公司的船队。对此，《清代通史》中有记载："明末崇祯十三年，红茶始由荷兰转至英伦。"1662年葡萄牙公主凯瑟琳嫁给英王查理二世时，把红茶和茶具当做嫁妆，掀起了英国贵族们争饮中国红茶的风潮。

英国成为早期中国茶叶出口的最大市场。由于英国整个上流社会对中国茶趋之若鹜，把能喝到、喝得起中国茶当成一种时尚和身份象征，这极大地刺激了中国茶叶的进一步输出，也使得其他一些西方国家，在当年"日不落帝国"的影响下，纷纷接受并喜欢上中国茶的口味。

从17世纪中期开始，短短二三十年的时间里，中国茶叶出口量增加了数倍，出口市场则从英国扩大到了俄国、瑞典、美国、澳大利亚、新西兰等国家。而这一时期正是西方工业革命发展得如火如荼的时期，飞速前进中的资本主义社会造就了新兴富裕阶层的崛起，他们对物质的需求十分强烈，对中国茶的热情也日益高涨。

在这种形势下，许多头脑灵活的中国商人大力发展茶业。因为清朝中期实行土地所有权和使用权分离的土地租赁经营模式，所以在经营茶叶有明确市场和可观利润的情况下，一些实力雄厚的经营者雇佣大量廉价劳动力，开园种茶、设厂加工，形成产供销一条龙的经营模式。在福建闽北和闽东一带，茶号、茶庄、茶行也大量出现。而产于闽东和闽北的坦洋工夫、白琳工夫、政和工夫以及正山小种，成为当仁不让的闽红四大花旦。

在这样的市场背景下，白茶诞生后相当长一段时间内，红茶在国际市场上还是一枝独秀的局面，所以白茶

● 太姥山中的春茶

发展并未得到足够的重视。而另一方面，白茶看似简单，其实风险很大，需要"看天吃饭"的制作工艺也限制了当时缺乏机械制茶条件的福鼎茶商，往市场化的方向去推行这个品种。

可就在福建闽北、闽东的茶商们赚钱赚得不亦乐乎、几大工夫红茶在国际市场上的销售量节节攀高时，一些不那么和谐的声音已经出现了：由于长期以来，在中国和西方（主要是英国）的贸易往来中，中国处于出超地位（指一国在一定时期内出口贸易总额大于进口贸易总额），这引起了通过工业革命强大起来的英国的强烈不满。

有一组数据可以说明英国的担忧：从1685年到1759年，在这70多年的时间里，茶叶已经成了中国出口到欧洲的最大宗货物，其总值占了欧洲从中国采购商品的一半以上。而其中最大的买主是英国人，他们采购茶叶的数量从每年8万多磅增加到269万磅，增加了30多倍。在1764年，中国出口到欧洲的货物总值364万两白银，其中，英国人购买了170万两白银的货物，占46.7%；而整个欧洲运往中国的货物总值为191万两白银，其中英国所运占63.3%，为121万两。（陈尚胜《闭关与开放：中国封建晚期对外关系研究》）

● 英国下午茶

第一章　🌱　发现·山林之茶　009

在大多数的中国人还满足于自给自足、自耕自织的农业社会状态时，英国人则煞费心机地想把自己生产的现代化纺织品、钢铁产品和其他工业制成品卖给中国（因当时中国人口已达世界第一），结果消费者反应冷淡。而中国的乾隆皇帝对英国人的想法和处境也不关心，因为在他眼里，世界上除了大清国，就只有蛮夷小国，它们根本不足为虑。

为了了解中国社会的真实情况，为了知道怎样才能赚到中国人的钱，乾隆五十八年（1793年）夏天，英国派出第一个访华使团到中国，成员多达七百多人。他们由外交官、学者、医生、画家、乐师、技师、士兵等人员组成，带队的是国王的亲戚、精通国际事务的外交家马戛尔尼勋爵。英国国王想和中国皇帝聊聊，想通过正式外交关系的建立，让中国的外贸体制更有利于英国。

可对于这个访华团来说，这是一次十分不愉快的访问：经过西方启蒙思想的洗礼，追求"平等"、"自由"的英国人不愿向大清皇帝行"三跪九叩"之礼，这让乾隆极其吃惊而且非常不悦；而对于英国人费尽心思带来的、代表当时西方先进科技和生产力的各种新奇产品，包括天体运行仪、地球仪、气压计、蒸汽机、棉纺机、有减震装置的马车、迫击炮、卡宾枪甚至是热气球等，中国人看不懂、不会用，也不感兴趣。（张宏杰《饥饿的盛世——乾隆时代的得与失》）

不难想见，在这样尴尬的情形下，皇帝虽然以完美的风度接见了外国人，但却拒绝了对方的所有要求。英国人悻悻而归，但他们同时看清楚了——这是一个思想和工业水平还停留在中世纪的国家，由于闭关锁国造成其对国际政治格局几乎不了解，所以军事力量也很落后。

在这样一种奇幻、错位的对话体系和世界贸易格局下，一场为争夺财富资源而一触即发的战争，已经隐隐在即了。

白毫银针，
一段最初的传奇

"形状似针，白毫密被，色白如银"，这是一般人对于白毫银针的认识，这种茶按制茶种类分，属白茶中最高档的茶叶，产于闽东和闽北的福鼎、政和两地。由于它全部采用单芽为原料制作，仅从观赏的角度看，其整个茶芽为白毫覆盖，熠熠闪光，令人赏心悦目；在冲泡时，福鼎产的白毫银针，汤色浅杏黄，味清鲜爽口；而政和产的白毫银针，一般汤味醇厚，香气清芬。

在福鼎，其实一直有制芽茶的传统。早在明万历四十四年（1616年），《福宁州志·食货·贡辨》中就写道："芽茶84斤12两，价银13两2

钱2分；叶茶61斤11两，价银1两4钱7分9厘。"这段文字说明了明朝时期的福鼎商人已习惯将茶叶按等级卖出不同的价格，而决定等级的关键，正是芽头质量。

在中国红茶销售一枝独秀的一百多年时间里，白茶从诞生之日起，一直是相当低调的：福鼎在嘉庆元年（1796年）首创了银针以后，到咸丰六年（1856）和光绪七年（1881年）分别发现了茶树良种福鼎大白和福鼎大毫，但直到光绪十二年（1886年）才始制商品化的白毫银针；而政和在光绪六年（1880年）发现政和大白茶，到十年后（1889年）才制出白毫银针。习惯上，人们把福鼎生产的银针称为"北路银针"，政和生产的叫"南路银针"，而白毫银针有时亦叫做"银针白毫"。

在整个19世纪的茶叶风云里，福鼎临海的小镇白琳成为茶叶交易的重地，各方客似云来，人群摩肩接踵。按照清乾隆己卯年（1759年）任福宁知府的李拔所编撰的《福宁府志》载："茶，郡、治俱有，佳者福鼎白琳。"可见白琳茶叶的名声之大。

而光绪三十二年（1906年）所出的《福鼎县乡土志·户口》提到白茶，更多的是这样一个局面："福鼎出产以茶为宗，二十年前，茶商麇集白琳，肩摩毂击，居然一大市镇。"《福鼎县乡土志·商务表》则载："白、红、绿三宗，白茶岁二千箱有奇，红茶岁两万箱有奇，俱由船运福州销售。绿茶岁三千零担，水陆并运，销福州三分之一，上海三分之二。红茶粗者亦有远销上海。"

另一篇《福鼎县乡土志·物产》也记载："茗，邑产以此为大宗，太姥有绿芽茶，白琳有白毫茶，制作极精，为各阜最。"从这些书面材料中，我们就知道，在19世纪末，福鼎茶叶的最大集散地白琳已产白茶，但产量与销量在茶中是最少的，全县只有2000箱。这时候，福鼎最有名的茶是

● 福鼎白琳的玉琳老街，曾经
茶行云集（福鼎茶办供图）

● 外国鸦片由上海入口

白琳工夫，而刚刚成为商品茶的白毫银针一般被用来拼配红茶出口，因产量稀少、价格昂贵，属于比较小众而高档的茶类。一些欧美市场的消费者，因为喜欢白毫银针的形态，讲究在喝红茶时加入少许白毫银针来增加美感和提高档次，而这也成了一种时髦，反过来又促使中国茶商扩大白茶的生产和销售。

像白琳这样的茶镇之所以兴盛其实还有更深刻的原因——清嘉庆四年（1799年），整个清朝最骄傲、在位时间最长的统治者乾隆皇帝去世，而他多年统治留下的隐患，从他的继任者嘉庆皇帝执政开始，就开始不断显现。繁重的税赋和以和珅为典型的官员腐败现象，动摇了清王朝的根基；而对国际事务的不作为，使得中国彻底丧失了觉察力和赶超外国的机会，国防如同虚设。

而嘉庆从上任开始，就没有过过什么好日子：农民起义不断、东南海上的骚动不止、采矿的封禁、钱粮的亏空、八旗的生计、鸦片的流入等问题，让他焦头烂额。而他还和他的父亲乾隆一样，想维持闭关锁国的政策，以为这样就能保证大清江山永固，可是他不知道，这时中国对峙外国的砝码已经大大不如以前了，而且随着英国人对中国的了解加深，在他们发现无论用怎样先进的产品都打不开这个世界上人口最多的市场后，已经下定决心用鸦片来做局。

在中国民间，其实从宋代开始就有用鸦片做药材治病的记录，而从明代开始，随着其进口贸易的逐渐增加，朝廷正式对鸦片征收药材税。清朝时，历代皇帝也仍沿用明朝的方法，将鸦片视为药材，征收入口税，不过量都不是很大。嘉庆皇帝本人对鸦片是非常反感的，他注意到了中国鸦片的进口数量在嘉庆五年（1800年）竟然达到了四千箱，情知不妙，所以在嘉庆二十一年（1816年），他又一次拒绝了英国提出的建立外交关系、开辟通商口岸、割让浙江沿海岛屿的要求。只可惜弱国无外交，所有这一切，不过是加速了英国人要用鸦片打开中国大门的决心。

嘉庆二十五年（1820年），嘉庆皇帝去世，道光皇帝继位，中国的鸦片问题越发严重了：到道光二十年（1840年）时，中国每年进口的鸦片已经多达四万余箱（相当一部分来自走私），约四百万斤。而在此时的英国对华贸易总值中，鸦片输出已占到1/2以上，英国的对华贸易正式由入超变为出超。

1840年6月，第一次鸦片战争爆发。两年后战争以中国失败并赔款割地告终，由此签署的《南京条约》成为近代中国的第一个不平等条约。而道光二十三年（1843年），英国政府又强迫清政府签订了《五口通商章程》和《五口通商附粘善后条款》（《虎门条约》）作为《南京条约》的附约，另增加了领事裁判权、片面最惠国待遇等条款。

《南京条约》让中国从一个独立的主权国家沦落为一个半封建半殖民地的国家，大清朝颜面扫地。一生勤奋节俭甚至节约到了变态地步的道光

● 绿雪芽茶母树

皇帝（连龙袍都是打了补丁的）内心深受打击，几年后就去世了。

而英国人对中国市场的觊觎还没有完，他们希望掌握中国茶叶的核心机密，扭转中国茶一统世界的霸主地位，因此派出了植物学家罗伯特·福琼来到中国。当时的英国驻印度总督甚至专门给他发了一纸命令："你必须从中国盛产茶叶的地区挑选出最好的茶树和茶树种子，然后由你负责将茶树和茶树种子从中国运送到加尔各答，再从加尔各答运到喜马拉雅山。你还必须尽一切努力，招聘一些有经验的种茶人和茶叶加工者，没有他们，我们将无法开展在喜马拉雅山的茶叶生产。"

于是在1848年到1860年间，福琼四次入华，他剃掉头发戴上假辫子，乔装打扮成中国人的模样，还学会了说中国话，在重点茶区的各个茶园活动。对这件事，英国作家托比·马斯格雷夫在其著作的《植物猎人》中做了详细说明："福琼从衢州和浙江的其他地区成功地采集到了茶树种子。他还从宁波地区、舟山和武夷山采集了标本，负责将23892棵幼株及大约17000棵幼苗运到喜马拉雅山山脚下，同时安排8位中国茶工携带工具一同前往。不久，在印度的阿萨姆邦和锡金邦，茶园陆续涌现。到了19世纪下半叶，茶叶成了印度北部最主要的出口商品之一。"

西方人喜好喝红茶，所以从中国盗运的种子都被拿到其殖民地去种植，几乎都是红茶，而中国福建生产的红茶这时面对着生产成本远低于国内，因此价格也低得多的印度、锡兰（斯里兰卡）的红茶的冲击，一筹莫展。1860年，中国还是国际市场上的红茶主要输出国，到了1893年，英国红茶市场的份额已有一半被印度、锡兰的红茶取代；而另一方面，国内在1875年创制成功的安徽祁门红茶也异军突起，挤占了不少闽红茶的市场。

这时的福建茶商，终于看到危机，他们决定另辟蹊径，大力推进白茶生产。这时候，无论是闽北的政和，还是闽东的福鼎茶商，都对白毫银针的销售寄予了希望。

福鼎东海之滨的太姥山，历来被看做福鼎白茶的祖庭。而太姥山鸿雪洞顶的"绿雪芽"古茶树则被认为是福鼎白茶的原始"母株"，是研制白茶的重要母本。

要说当年的福鼎人对"白毫银针"的认识，用清代周亮工在《闽小记》中的一句话就能概括："绿雪芽，今呼白毫。色香俱绝，而尤以鸿雪洞为最。功同犀角，为麻疹圣药。运销国外，价与金埒。""价与金埒"就是与黄金同价，由此看来，白毫银针不但是民间养生保健的一种良药，而且其价值还得到了国际市场的认可。

白毫银针第一次出口是在1891年，在1910年以后开始畅销欧美。当年，道光皇帝在洋人压迫下含泪签署了《中英五口通商章程》，条约中将

● 巴拿马"马玉记"白茶

福州和厦门划为了出口口岸，这极大地促进了白毫银针的出口。到了清末民初时，以白毫银针为代表的中国白茶，已经源源不绝地远销欧亚大陆共39个国家和地区，也使得一大批有头脑的福建茶商成为当地巨贾。

有人在北京见过一盒由美国华侨收藏的当年参加巴拿马万国博览会的白毫茶，到现在已经百年历史。它包装十分精美，木盒内部套有锡制的内罐，木盒上不仅刷上漂亮的黑漆，而且还绘有精美的花鸟图案。木盒上的标签则清楚地标示着，出品商是福建的"马玉记"茶号，产品的英文名称是FLOWERY PEKOE（花香白毫），里边装的全是芽茶，不仅肥壮，而且满披白毫，干茶外形、色泽与我们所熟知的白毫银针没有任何差别。

由于白毫银针的鲜叶原料全部是茶芽，所以白毫银针制成成品茶后，芽头肥壮、通身白毫、挺直如针、洁白光亮，十分美观。白毫银针的产地不同，制法上是有差异的。福鼎银针采制时选凉爽晴天，将鲜针薄摊于萎凋帘上，置于日光下曝晒，待含水率达10%-20%时，摊于焙笼上（烘心盘用薄纸垫衬，以防芽毫灼伤变黄），用文火（40-50℃）烘至足干。政和银针则一般是将鲜针摊于水筛上，置于通风场所，晾至含水率20%-30%时，移至烈日下晒干，在晴天，也可先晒后风干。银针毛茶经拣剔好后为精茶，复火后趁热装箱。

白毫银针的采摘十分细致，要求极其严格，规定是雨天不采、露水不干不采、细瘦芽不采、紫色芽头不采、风伤芽不采、人为损伤芽不采、虫伤芽不采、开心芽不采、空心芽不采和病态芽不采，号称十不采。而每年茶树萌发的第一轮春芽特别肥壮，是制造优质白毫银针的理想原料。制作白毫银针，只能用肥壮的单芽头，如果采回一芽一叶、一芽二叶的新梢，则只摘取芽心，俗称为抽针（即将一芽一叶、一芽二叶上的芽掐下，抽出做银针的原料，剩下的茎叶做其他种类的白茶或其他茶）。

1912年到1916年是白毫银针销售的极盛时期，当时福鼎与政和两地年产各1000余担，畅销欧美，每担银针价值银元320元（20世纪头30年的中国社会以银元为本币，物价稳定，当时1两黄金约为100银元，1银元大约等于0.7两白银。从购买力来说，在1911-1920年间，上海的米价为每斤3.4分钱，1银元可以买 30斤大米；猪肉每斤1角2分至1角3分钱，1银元可以买8斤猪肉；在内陆落后地区3-4块银元则够买整整3亩土地了）。白毫银针，实实在在地丰厚了以茶叶为主要生计的闽北、闽东商人的腰包。

　　可惜顺遂的日子总是来去匆匆，在白毫银针的主销市场欧洲，这时爆发了第一次世界大战，同盟国（德、奥匈、土耳其、保加利亚）和协约国（英、法、俄、美、意大利）一起被卷入了战争。大约有6500万人参战，1000万人丧生，2000万人受伤。战争除了造成难以估计的经济损失外，也让中国茶叶的销欧之路被中断，白毫银针的出口受到了巨大影响。茶业快速由盛转衰，年产值不到10万元。被远方战火波及的福建茶商们，不得不暂时离开这个市场。

　　这时候，以实力雄厚的吴、蔡、梅、袁等家族为代表的福鼎茶商们，必须要想其他的办法来降低损失、扩展白茶销路，而茶商们如何渡过在中国茶业近代史上的这一难关，福鼎白茶在民间又有怎样的传承呢？

● 李得光（李华卿）在白琳翠郊开设茶庄收购白毫银针半成品收据（福鼎茶办供图）

③

从柏柳到点头，
从祠堂到市场

福鼎的春天，海风温柔、山林秀美，无数泛绿的茶园如同一条条碧玉腰带。而我们从县城出发，行驶了五十多公里后，进入了点头镇柏柳村。

在村口，赫然入目的是一块写着"中国白茶第一村"几个大字的石碑。这意味着，我们已经进入了福鼎大白茶真正意义上的原产地。

众所周知，嘉庆元年（1796年）时，福鼎茶农曾采摘当地普通茶树（菜茶）的芽毫制作银针，但是因菜茶的茶芽细小，制作时外形口感均不佳，所以没有被推广。而在中国，虽然适合制作白茶的茶树品种有很多，

● 中国白茶第一村

但要制作传统意义上的白茶，要求必须选用的品种茸毛多、白毫显露、氨基酸等含氮化合物含量高，这样制出的茶叶才能外表披满白毫，有毫香，滋味鲜爽。

　　转机出现在1857年，来自福鼎点头镇柏柳村的茶商陈焕，在太姥山中发现了符合"芽壮毫显"要求的大白茶母树，带回乡里繁育良种，结果获得成功，这就是今天的福鼎大白茶。1880年，又是在点头镇的汪家洋村，茶农们选育另一白茶良种福鼎大毫成功，至此福鼎白茶才有了稳定发展的基础。

　　福鼎大白茶和福鼎大毫茶，就是我们今天所说的华茶1号和华茶2号，它们在1985年就被国家权威部门认证为国优品种，而《中国茶树品种志》更是把福鼎大白茶和福鼎大毫茶列在了77个国家审定品种的第一位和第二

● 种植福鼎大白茶的茶园

位。那是因为在国家级茶树品种与省认定的品种中，有25种茶树是以福鼎大白茶作为父本或母本进行繁育的，如福云系列、浙农系列、福丰和茗丰系列等，这足够说明福鼎大白茶优良的基因。

而因为福鼎大白茶的抗旱抗寒性强、扦插繁殖力强、成活率高，20世纪60年代后，福建、浙江、湖南、贵州、四川、江西、广西、湖北、安徽和江苏等省区曾大面积栽培福鼎大白茶，用于制作红茶、绿茶、白茶等各种茶类，掀起了一股如火如荼的生产浪潮。

如前所述，在1885年时，迫于国内外市场形势的压力，福鼎人开始用福鼎大白茶制作白毫银针，到1910年出口后，风头一时无二。可是突如其来的第一次世界大战打乱了这种格局，很多人开始想办法扩大白茶的市场。

从福鼎茶业开始兴盛之日起，当地渐渐形成了一些颇有影响力的茶商世家，其中的吴（吴观楷）、蔡（蔡德教）、梅（梅伯珍）、袁（袁子卿）四家是威望最高的。在道光二十二年（1842年）五口通商后，福鼎茶叶交易中心白琳生产的"白琳工夫"红茶、"白毫银针"白茶以及"白毛猴"、"莲心"等绿茶，每年满载商船，畅销国内外。

梅伯珍，字步祥，号筱溪，又号鼎魁，出生于清光绪元年（1875年），本是福鼎县点头镇柏柳村一个富裕之家的幼子，也是福鼎近代茶叶史上最著名的茶商之一。梅伯珍少年的时候，家道中落，后来父母又相继去世，他最终走上了贩茶为生的道路。

在20世纪初期，梅伯珍的茶叶生意一度发展得很顺利，他先后得到了白琳棠园茶商邵维羲、马玉记老板和福茂春茶栈主人的信任，受邀合伙经营茶庄。这段经历在梅伯珍晚年的自传《筱溪陈情书》里，做了详细的说明。就在他踌躇满志地准备大干一番时，第一次世界大战爆发，导致从1918年至1920年连续三年的茶叶生意惨淡，连年折本，梅伯珍参股的马玉记茶行当时亏了九千多块大洋。

梅伯珍的遭遇相当有代表性，当时，梅伯珍的姻亲袁子卿也同样面临这一困局（《梅氏宗谱》载：梅伯珍次子梅世厚生一女，适玉琳袁志仁（袁子卿之子）为室）。他因为主营红茶，面对白琳工夫当时在国内外市场上竞争力弱、价格较低的局面，果断更换制茶品种，将生产原料全部改为福鼎大白茶，发明了白琳工夫中的珍品"橘红"红茶，结果运到福州销售后一炮打响（见《福鼎文史资料》）。

但白茶一直都是外销特种茶，除了欧美以外，最主要的市场还是华侨集中的香港、澳门地区和东南亚国家。为此，梅伯珍加大了开拓南洋市场的力度，他亲自远渡重洋，努力将白茶、绿茶、红茶销往东南亚。

梅伯珍为人信用极好，但生意几起几落。他曾为福茂春两度前往南洋追债，把欠款不还的合作方振瑞兴洋行告上法庭，结果领回来一张四万多元的欠条；他也曾担任福州福鼎会馆茶邦的会计，因为集体购房资金不够，就用自己的财产向华南银行抵押借款，结果时局走弱，会馆经营不善，各种费用其他董事都不理，他独自一人承担了下来。

　　在柏柳村，至今还留着梅伯珍于1936、1937年间亲手修建的"正屋七溜，以及左右厨房和门楼"，但因为年久失修都显得败落，已经无人居住了。反而相隔不远、由梅伯珍祖上梅光国建造的梅家大厝，保存得更为完整。而在梅家祖屋的正厅，还悬有一面牌匾，上书："积厚流光"，上面题款是"赐进士翰林院庶吉士加福鼎县事加五级纪录十次陈昉为梅光国立道光三年（1823）岁次姑洗月上浣穀旦"。这大约是曾经出过进士的茶商之家，当年书香所剩不多的见证了。

● 福州会馆-陈炽昌（右二）、梅伯珍（右一）、吴世和（左二）（福鼎茶办供图）

在福鼎民间，除了梅伯珍、袁子卿、吴观楷、蔡德教这些比较出名的茶商之外，一些茶农也在想办法抱团取得市场地位。根据《宁德茶业志》记载："民国二十八年（1939年），福鼎县点头乡陇严（今龙田）人李得光（又名李华卿）发起组织'白茶合作社'，各村成立村社，推选李为联社主任，以促进茶叶流通。"史料显示，到1941年时，在福鼎进行登记的茶商达到98家。

外来资本在此地的聚集也在民国时达到高潮：来自泉州、厦门的"南帮客商"，以及来自广州、香港的"广帮客商"，和当地茶商一同设馆制茶，收购白毫银针与白琳工夫，再把茶叶销往国外。

民国二十五年（1936年），上海茶叶产地检验监理处（处长为蔡无忌，副处长为中国当代茶圣吴觉农）在白琳设立了办事处，专门检验白琳镇生产的白茶和其他茶叶。民国二十九年（1940年），福建省建设厅创设示范茶厂，福鼎设白琳分厂采办茶叶，时任福建茶叶管理局局长的中国近代茶学家、茶树栽培学科奠基人庄晚芳，点名聘请茶商梅伯珍为福鼎茶业示范厂总经理兼副厂长。梅伯珍当年即设白琳、点头、巽城等三个分厂，采办茶叶5800多件，获利丰厚。而他也在第二年宣布退休，回到了老家柏柳村，在年近古稀之时，以自传的方式留下了民国茶事的一段记录。

如今走在柏柳村的乡间，一切是安静的，风在林梢，叶落沙沙，农家的小黄狗在阳光下吐着舌头。2010年才落成的梅氏宗祠，在这个古旧的村落里显得很新。而在梅氏宗祠的门口，村民一字排开的晾青筛上，躺着半干未干的茶青，那些过去的岁月，就好像烟云般被吹得无影无踪。

但是过去毕竟从这里开始，并从这里走向了新的时代。

1949年6月，福鼎解放。1950年4月，中国茶业总公司福建省分公司在白琳康山广泰茶行建设福鼎县茶厂，同年10月迁址于福鼎南校场观音阁。

● 品品香老树茶园；出售鲜叶的福鼎僧人

　一部泡在世界史中的香味传奇

● 梅氏宗祠

原厂址则改为福鼎白琳茶叶初制厂，负责收购白琳、磻溪、点头、管阳，以及霞浦、柘荣、泰顺等地的茶青，经加工制作，销往国内外。

福鼎茶业的生产曾经有过反复：在1936年，当地茶园面积一度达到46900亩，总产量达到38746担，创下最高峰；后来战争不断、匪祸肆虐，地方上闹起了饥荒，民不聊生。梅伯珍就在《筱溪笔记》中描写了这种状况："民国三十一年（1942年），各埠轮船停运，交通断绝，百货昂贵，茶景失败，捐税如火上添油。"

在这种形势下，福鼎的茶园因为茶农无心管理而渐渐荒芜，产量一路下滑。在新中国刚刚建立的1949年，此地茶园只剩下35000亩，产量更断崖式跌到了10037担，连之前的三分之一都不到，亩产居然只有区区28斤！

白茶是一种很大程度上需要"看天吃饭"的茶类，多年前基本上以日光萎凋和手工为主生产，工业化程度不高、产量低，所以茶农到了生产季，经常爱说一句话"辛勤不解天气变化"，意思是说任何突然出现的天气变化，都会使正等待采摘或正在制作中的白茶全军覆没，而且这种风险还是很难预估的。

不过也正是因为产量低，白茶的价格很好，根据《宁德茶业志》的记录："1950年12月，中茶公司华东公司对红、绿毛茶中准价的规定是，福建的红毛茶平均不超过每50公斤3石大米，绿毛茶每50公斤2.4石大米，白茶每50公斤12石大米……"白茶价格是红茶的4倍，白茶的金贵程度自然可想而知。

福鼎白茶的产区主要分布在国家风景名胜区太姥山山脉周围的点头、磻溪、白琳、管阳、叠石、贯岭、前岐、佳阳、店下、秦屿和硖门等17个乡镇，其中磻溪、管阳、点头的名气都很大。

磻溪的茶园面积号称福鼎第一，3万亩茶园和6万亩绿毛竹错落地分布，溪多山高、生态良好。整个磻溪镇的森林覆盖率接近90%，绿化率超过96%，拥有福鼎市唯一的省级森林公园——大洋山森林公园和最大的林场——国营后坪林场，茶叶种植环境得天独厚。与梅伯珍、袁子卿友谊深厚的另一著名茶商吴观楷，就是从磻溪镇黄冈村走向世界的，而他当年用以行销东南亚的福鼎白茶，大多数原料都来自磻溪。

如今消失在历史中的国营福鼎茶厂湖林分厂（初制厂），位处磻溪镇湖林

● 湖林村口

村，建于1957年，是新中国成立后最早生产白茶的茶厂之一，1996年国营茶厂改制后被广福茶业收购，而今已没有更多的声息。从老茶厂出来往湖林村口行驶时，你会看到村民几十年、上百年如一日的劳作场景，那种乡土乡亲的感受，不由让我们在下山后，到镇上点了碗当地最出名的磻溪手打面，加上辣椒，一顿风卷残云，好像连当年的往事都一起吞进了肚里。

管阳镇在福鼎以高山茶区著称。这里大大小小的山峰共有144座，最高峰是海拔1113.6米的王府山，而管阳的大部分村庄都在海拔600米左右。管阳河山的品品香白茶庄园，占地1100多亩，海拔800多米，隶属于福鼎品品香茶叶有限公司。

我们在这里，遇见了品品香的董事长林振传。按照他的说法，目前整个管阳拥有的茶园面积大约2万亩，可采摘面积差不多1.75万亩。"因为是高山区，管阳茶叶的采摘时间会晚一点，价格也会相应高一些。这里海拔高、温度低，常年雨量充沛、云雾缭绕，拥有非常适宜茶叶生长的气候。而在这种气候条件下，这里的白茶的茶多酚含量要低于其他海拔较低的地区。"

在林振传的基地里，还有一片当年知青下乡时开辟的茶园，面积差不多有200亩，全部种植的是福鼎大白茶。但是在1981年后，随着改革开放和

● 茶花市场；繁忙的交易，一眼望不到头的人流；商贩讨价还价

知青的大举返城，茶园一度抛荒，直到2006年被林振传发现并接手，才开始被打造成真正意义上的原生态老树白茶园。

"你们看到生态茶园里杂草丛生，杜鹃、梧桐、松柏这些树木都有，这是为了让茶树在大自然里靠自身素质取得平衡，让植物世界的多样性充分发展，让茶叶的滋味更天然。"林振传一边说着，一边查看他的茶园。

现在正是阳历4月，春茶生产的旺季还未结束，整个福鼎最热闹的地方要数点头茶叶交易市场。每年春茶交易的高峰时节，这个闽东最大的茶叶交易市场——占地面积8000多平方米的点头闽浙边界茶花交易批发市场内总是人头攒动，一派繁忙景象，茶农和商贩们分上下午两场（上午场是凌晨3点到早上7点，下午场是4点到7点），在这里紧张地讨价还价。而在这里，我们还意外地发现了来出售茶青的当地僧侣（福鼎有不少古寺）。

据说这里每天的交易人数有上万人，实现茶青日交易额80万元、干茶日交易额60万元，年交易额上亿元。整个福鼎的大部分乡镇，包括周边的霞浦、柘荣、福安、寿宁，以及浙江的泰顺、苍南等闽浙边界的茶青、干茶都是进入这个茶花市场交易。而在这个市场里支店的茶企、茶庄老板，不少都有殷厚的身家。

点头市场的名气之大，甚至吸引了一拨又一拨来茶区采风的专业摄影师，他们在各个能够俯拍到市场全景的角落里、屋顶上，用各种专业的镜头对准人群，"咔咔咔"，记录下时代风云。

正在一旁清点钱钞、向茶农付款的一位茶庄老板告诉我们："这里开业15年了，春茶旺季时每天都是这种场面。当天的茶叶必须当天卖掉，而市场会根据每天的交易人数和茶叶供应的多寡，随行就市地调整价格。明前那几天的价格最敏感，一般高级的茶青，鲜灵度高、毫显芽壮，最适合做高价的白毫银针，所以一上市就被人抢走了。"

福鼎人的生活就藏在这样的沧海桑田里，从华茶风靡到战乱凋敝再到复兴重生，200多年的时间如白驹过隙，也让福鼎白茶走上国际舞台。2009年2月，福鼎白茶获得国家地理标志证明商标，宣告了它的传奇进入新时代。但与此同时，我们也不要忘了另一支力量——从"南路银针"而来的政和白茶，它事实上象征着另一种情怀和文脉，透露着一个华美王朝的背影。政和因何而来？请看下一篇。

政和的农耕之美和
田园牧歌

宋政和五年（1115年）春天的一个下午，在北宋首都汴京（今开封）的皇宫内，一个衣着华丽的男子正在喝茶，他整个人显得很放松。

这个人不过三十岁出头，长相端正、风度翩翩，甚至可以说是个美男子。而他的身份极不平凡，他的名气大到千年后还被人时常提及——没错，这就是中国历代皇帝中论才华排名第一、论治国可以垫底，身为大艺术家、大书法家、茶学专家，同时也是个不折不扣的昏君的宋徽宗赵佶。

而这一天赵佶的主要日程安排是评茶。面对众多各地进贡来的龙团凤饼（北宋的贡茶，明朝后被散茶逐渐代替），徽宗认真地品鉴，一旁的书记官则忙着记录。他在喝到一款由建州府进贡的白茶时，面露惊讶之色，就叫来负责茶事的内廷官员问茶的产地。

"此何处产之？"徽宗问。

"建州府治下关隶县产白茶极品，斗茶（即比评茶的优劣。始于唐，盛于宋，是古代有钱有闲人的一种雅玩）胜之。"官员老实回答。

原来北宋时期，建州府制下有一个小县叫做关隶县。它地处福建北部，遍生名枞，特别适宜种茶。而因为宋朝的皇帝都喜欢喝茶，所以负责茶事的官员们就在建州一带开辟了北苑御茶园，而关隶县的茶园当时是御茶园的东园。因为北宋贡茶都是龙团凤饼的缘故，所以既有御茶园，当然少不了茶焙（古代生产、制作茶叶的作坊），那时候，关隶县境内的感化里、长城里、高宅里、东平里、东衢里等都是有名的茶焙。

在宋徽宗当皇帝的时候，北宋的茶叶生产和茶文化都达到了鼎盛。而他自己，专门在大观年间（1107年至1110年）写了一本《茶论》，史称《大观茶论》，至今影响深远。

作为茶学专家，徽宗把他的《茶论》分为序论、地产、天时、采择、蒸压、制造、鉴辨、白茶、罗碾、盏、筅、瓶、勺、水、点、味、香色、

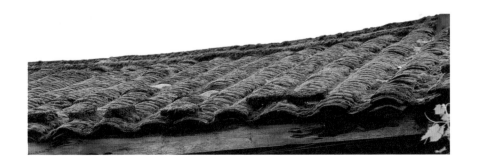

藏焙、品名、外培等二十篇。很明显，"白茶"是其中单列的一篇。而他在这一篇是这么写的："白茶自为一种，与常茶不同，其条敷阐，其叶莹薄。崖林之间，偶然生出，虽非人力所可致。有者，不过四、五家，生者不过一、二株，所造止于二、三胯而已。芽英不多，尤难蒸焙，汤火一失，则已变而为常品。须制造精微，运度得宜，则表里昭彻，如玉之在璞，它无与伦也；浅焙亦有之，但品不及。"

徽宗认为白茶"与常茶不同"，这带有强烈的个人偏好。北宋的斗茶之风盛行，当时斗茶的评判标准主要有两条：一是汤色，即茶水的颜色。标准是以纯白为上；青白、灰白、黄白，则等而下之。二是汤花，即汤面泛起的泡沫。决定它的优劣也有两条标准：第一是汤花的色泽以鲜白为上；第二是汤花泛起后，水痕出现的早晚，早者为负，晚者为胜。

作为最高统治者，徽宗在《茶论》中也说：点茶（宋朝时的一种沏茶方法，通常在斗茶时进行）之色，以纯白为上真，青白为次，灰白次之，黄白又次之。天时得于上，人力尽于下，茶必纯白。天时暴暄，芽萌狂长，采造留积，虽白而黄矣，青白者，蒸压微生，灰白者，蒸压过熟。可以说，关隶进贡的这款茶完全符合了徽宗的审美和口味，他心情很好，可是对产茶地的名字他是不满意的，因为"关隶"二字，总让人想到穷苦蛮荒、关押奴隶这些不吉利的字眼。

● 宋徽宗赵佶

●政和生态茶园（政和县茶业管理中心供图）

他思来想去，就把自己的年号"政和"赐给这个位于闽北的小县做了县名，并诏告天下。他发自内心地希望，在大宋王朝的统治下，中国处处能够"政通人和"。

就这样，福建政和，成了中国历史上第一个以统治者年号来命名的地方。

又是九百年过去了。当年风流俊逸的宋徽宗最终也没有等来北宋的"政通人和"，他在战争中被俘虏，死在北方金国人的大牢里，化为了历史沧桑中的一抹青烟。可他对政和的赐名，倒真的让这个位于福建北部、一直都不发达的小县，在数百年的时光里，一直保持一种素朴而平和的农耕之美。而政和白茶，更成为"中国味道"的一种标志，享誉海内外。

我们到政和的时候，春茶的生产已近尾声。政和县茶业管理中心主任张义平已经在办公室楼下等着我们。

政和县城不大，街道古风犹存，很多建筑还保持着20世纪90年代的风貌，大酒店和购物中心也不算多。在走过街头的一个环岛时，张义平指着不远处的一幢酒店，颇为动情地说："那就是以前政和县茶厂的所在地，由于地处县城繁华地段，而今已改建成商业街了。"

政和历来是农业县，工业基础不强，经济水平在整个福建省排名靠

● 晚霞映照茶园

后。但另一方面，由于政和县地处福建闽江的源头，县域内几乎没有化工业和重工业，自然和生态资源也非常突出：它是中国锥栗之乡、竹茶之乡、全国最大的白茶基地、福建省重点林区、茶叶基地县、茉莉花基地县。全县山地面积223万亩，森林覆盖率76.4%。政和县的矿产资源也很丰富，在历史上的宋元明三朝，它曾是全国重要的白银产地之一。

站在2016年的熏风里，已无法想象当年北宋的繁华，可是当一片片鲜灵的茶叶，在我们指间跳跃时，那种割不断的情怀，让人百感丛生。

这种感觉，当年来到这里并留下许多事迹的一位大儒应该很清楚——政和八年（1118年），中国著名理学家朱熹的父亲朱松，出任政和县尉，他把一家人，包括父母、妻子和两个弟弟都带到了政和。

朱松是一位诗人，也是一个教育家。他在政和先后创办了云根书院和星溪书院，努力培养当地的读书人。而朱熹长大成名以后，也常到云根书院讲学布道，传授他的理学思想，这对当年偏远落后的闽北，起到了很大作用。由于朱氏父子的影响，政和文风日盛，当地百姓无论贫富都很重视对子女学业的培养。在宋代时，政和县城有6所书院，乡村还有20多所书院，成为当地民众求知求智及接受理学思想的重要场所。

宣和七年（1125年），朱松的父亲朱森去世了，葬于政和县铁山镇风林村护国寺的西侧，他的墓到现在一直由朱氏后人祭扫。而朱松的母亲程氏夫人故去后，葬于政和县星溪乡富美村铁炉岭，他的弟弟朱柽葬在富美村延福寺的旁边。

朱松本人，对政和有着很深的感情。他的教育事业在这里开拓，他的青春留在了这里，他的亲人也葬在了这里，他把政和视为自己的第二故乡，写下大量的诗文来赞美它的山水和茶风，其中最为动情的要数《将还政和》："归来去兮岁欲穷，此身天地一宾鸿。明朝等是天涯客，家在大江东复东。"

那一年，朱松三十二岁，北宋已亡了。他在战乱不断的岁月里，怀念大江东去的王朝，怀念像一首田园牧歌般的政和，连梦里都是连绵的山林。

如果用现代的眼光来说，朱松也是位"茶人"，他喜欢游寺、烹茶、题诗，春茶时甚至自己去采茶，留下过不少茶诗，比较出名的有《董邦则求茶轩诗韵》、《元声许茶绝句督之》、《谢人寄茶》、《次韵尧端试茶》、《答卓民表送茶》等，无一不是在反映政和茶风之盛。

在《元声许茶绝句督之》中，他写道："凤山一震卷春回，想见香芽几焙开"，想想那种到处是茶园吐翠、茶芽萌发，到处弥漫着茶香的情景，和我们现在看到的景象是多么相似！而当年的人们修建茶室，与朋友聚会并以好茶相赠的情形，也和现在一样。

政和茶风，实在是一种挥不去的北宋情怀。

世界白茶在中国，中国白茶在福建。政和白茶和福鼎白茶一起，成为今日中国白茶的主力，是从清代中期开始的。

清乾隆五十五年（1790年），时任政和知县蒋周南写了一首《咏茶》

诗："丛丛佳茗被岩阿，细雨抽芽簌实柯；谁信芳根枯北苑？别饶灵草产东和。上春分焙工微拙，小市盈框贩去多；列肆武夷山下卖，楚材晋用怅如何。"（政和别号东和）

这说得很清楚了：在春茶生产的旺季，政和本地的茶工被雇佣一空，而政和的茶叶，则一筐接一筐不断地被运到武夷山出售，其市况之盛，完全不输当年的北苑贡茶。

更关键的是，在宋代，茶还是上层阶级才能消费得起的高雅奢侈品，到清朝时已经进入民间，成为老百姓的生活用品。根据《茶叶通史》的记载："咸丰年间，福建政和有一百多家制茶厂，雇佣工人多至千计；同治年间，有数十家私营制茶厂，出茶多至万余箱。"

身为福建人的中国著名茶学家陈椽在他的专著《福建政和之茶叶》（1943年著）中描述清末民初的政和："政和茶叶种类繁多，其最著者首

●护国寺

推工夫与银针，前者远销俄美，后者远销德国；次为白毛猴及莲心，专销安南（即越南）及汕头一带；再次为销售香港、广州之白牡丹，美国之小种，每年总值以百万元计，实为政和经济之命脉。"

政和为什么适合制茶？它地处武夷山山脉东南的鹫峰山脉，全境气候属亚热带季风湿润气候区，高山多，山林的海拔落差和早晚温差大，平均海拔在800米左右，年平均气温16℃左右，年降水量1600mm以上，土壤以红壤、红黄壤为主。土壤湿润，气候温和，山里常年可见云雾缭绕，这正是茶叶生长的理想环境。

政和有一种遗世独立的美感，它处处透露着不经意的风情，在如今已经完全现代化的中国，用一份古意将你打动：像政和杨源乡的"新娘茶"流传至今，每年端午节的前一天（农历五月初四），村里在前一年中娶了媳妇的人家，都会在自家备办各种肉蔬茶点，招待四邻乡亲来家里吃饭、喝茶，而客人随便赴"茶席"，不用带任何礼物。喝完茶，主人还要赠送一条八尺长的红头绳给每一位客人，祝大家吉祥如意。

而政和高山区的澄源、杨源、镇前等乡镇一直有"配茶"习俗：因为这一带海拔高、天气冷，人们习惯在忙完农活的隆冬时节，一家人围在火炉旁、灶旁，取暖聊天，逐渐形成本地人独特的"配茶"传统。一般来说，"配茶"的操作是这样的：先将茶叶放入陶壶或铜壶中，置于炉灶里的炭火边加温，约三十分钟左右水沸，然后添到茶碗中。

到了现在，"配茶"的仪式就简单多了：很多人家都备有现成的精美茶具，讲究者甚至有整套的汝窑瓷。只要烧开水，往备有茶叶的茶杯中沏水，人们就能在期待来年的憧憬中，将一整年的风尘和疲惫一饮而尽。

政和东平镇的赶墟也是一大盛事，在闽北特别有名。四百多年来，每月农历的逢二逢七都是墟日，建瓯、建阳、松溪、政和四个相邻县市周边的上百个村庄上万农民云集到这里进行交易，交易的物品则是涉及吃穿住行，无所不包，这种热闹竟连战争年代都不间断。而在春节、元宵、端午、中秋和重阳这样的重大传统节日里，当地人都会兴致勃勃地举行跑龙会、故事会、赛诗会、采茶灯舞、游妈祖等一系列文化活动，吸引本地以及外地的客人前来旅游采风。

当我们站在县城桥头，看着穿城而过的星溪河时，眼前仿佛浮现出近千年的政和往事。可那春夜的街灯又好像和那数万亩的良田、连片的果树、茶园、竹山、鱼塘，以及无数丰富的矿产连接在了一起，勾勒出一幅当代才有的画卷。

政和之美，数之不尽；政和之名，因茶而来；而政和白茶，从何而起？请看下一篇。

● 古村杨源

5

政和大白，
一种不屈的生长

中国真正意义上的白茶，始自白毫银针的创制。而白毫银针有福鼎产的"北路"和政和产的"南路"之分。福鼎的"银针"一开始是用当地的菜茶制作，但是效果不理想，所以一直到发现了茶树良种福鼎大白茶和福鼎大毫茶后，才在光绪十二年（1886年）开始制作商品化的白毫银针。

而政和的白毫银针，相传是在光绪六年（1880年），政和东城十余里外的铁山镇农民魏年家的老院中野生着一棵茶树（政和大白茶树），不料墙塌下来把树压倒后，竟然长出了新苗，当地人无意中发明了压条繁殖衍生茶苗的新方法。这之后政和大白茶被逐渐推广，到十年后（1890年）终于制出政和白毫银针。和菜茶相比，政和大白茶的茶芽要肥壮数倍，而它属于迟芽种，是芽叶上茸毛特多的无性繁殖系品种，采取压条或扦插方法进行繁殖，性状整齐。

政和大白茶叶片肥厚，叶面隆起，属中叶、迟芽、无性系品种，抗逆性（包括抗寒、抗旱、抗病虫）强，能忍受寒冻，就是在零下3-4℃亦少受冻害，所以在高山区多的政和县长势良好。同时，政和大白茶的采摘主要集中在春季，由于其内含物质丰富，它的香气很浓。用政和大白茶制的茶品质优越，以芽肥壮、味鲜、香清、汤厚为最鲜明的特色。

此外，政和大白茶属紫芽种，酚类物质含量高，适制性很强，是生产白茶、绿茶、红茶的理想原料，具有清新、纯爽、毫香的品种特征。1965

● 伦敦码头，东印度公司正在卸中国茶

年，中国茶叶学会在"茶树品种资源研究及利用学术讨论会"上，向全国茶区推荐种植政和大白茶等21个茶树优良品种。1972年，政和大白茶被定为中国茶树良种，1985年被全国农作物品种审定委员会认定为国家品种。目前，政和大白茶主要分布在福建北部和东部茶区，尤以政和和松溪两地为主（松溪与政和交界，曾经合并，合并时称为松政县）。

中国现代制茶学的奠基人陈椽教授在一次采访中回忆道："我是1940年3月和宋雪波技术员从崇安乘车到建瓯，再搭小船逆水行驶，经过三天三夜才到西津码头，然后步行四十里到城关的。进城后，租赁商会会长李翰辉的三间破房为制茶所，办公、住宿、制茶都在一块。我当时的职务是福建省茶叶示范厂技师兼政和制茶所主任。"

陈椽在政和着手做了四件事：一是收购毛茶加工为外销茶，把从政和遂应场（锦屏村）和浙江庆元县（两地交界）收购的红毛茶和白毫银针，经过加工送往福州口岸；二是改进加工技术，他将以往毛茶加工用的七孔吊筛改为木质筛床和加架活轮木框，安放三个筛面，由一人推动活轮上下抖动，提高生产效率三倍多；三是开展制茶技术测定，最后写出了论文《政和白毛猴之采制及其分类商榷》（1941年《安徽茶讯》一卷10期）、《政和白茶（白毫银针和白牡丹）制法及其改进意见》（1941年《安徽茶讯》一卷11期）；四是调查政和茶叶情况，也写了两篇论文，即《福建省政和茶叶》（1941年《安徽茶讯》第一卷12期）和《政和茶叶》（1942年浙江《万川通讯》）。

陈椽的研究，可以说为政和茶业发展和茶叶加工工艺进步做出了重大贡献。而他来到政和的时候，正值政和茶业在民国发展的高峰期。根据政和茶业史料记载：早在清同治十三年（1874年），政和城内有茶行数十家，其中较有名气的茶行有"之恭茶庄"、"金圃茶庄"、"裕成茶行"

等，乡绅叶之翔、陈子陶、范昌义等因经营茶叶而成为富商。民国三年至七年（1914-1918年），政和茶叶十分兴旺，茶行遍布城乡。当时铁山乡有茶行16家，澄源村有18家，城内近20家。较大的茶行有"庆元祥"、"聚泰隆"、"万福盛"、"万新春"等，全年产银针近40吨，全部运往福州，再转销世界各地。

1910年左右，政和县销往欧美的茶叶价格为每担银针银元320元。当时政和大白茶主产区为铁山、稻香、东峰和林屯一带，这些地方家家户户都做银针，所以当地流行一句民谣"女儿不慕富豪家，只问茶叶和银针"，足以说明政和的茶价坚挺。俄罗斯茶商还专门来石屯乡沈屯村加工茶叶，水运到建瓯转出。清末、民国时期的政和茶人纷纷到福州、武夷等地经营茶叶，清末有铁山人周飞白，民国有名茶人范列五。城关的数十家茶行中，产茶千担以上的有3家，包括陈协五的"义昌生"茶行、李翰飞的"李美珍"茶行和郑照的"怡和"茶行。

● 政和铁山镇的茶山

● 政和大白茶叶片

至日军侵华前，茶叶为政和县大宗出口商品。据贸易档案统计：民国二十六年（1937年）出口茶叶16200箱，约486吨；民国二十七年（1938年）出口茶叶18185箱，约547吨；民国二十八年（1939年）出口茶叶26003箱，约783.65吨，出口值超过百万元。

在中华人民共和国建立后，对政和白茶的生产又掀起了新一轮的高潮。1959年，福建省农业厅在政和县建立了大面积的良种繁育场，繁育政和大白茶树苗2亿多株，其种植区域后来扩展到贵州、江苏、湖北、湖南、浙江、江西等省及福建省其他县市。

20世纪80年代以前，政和县种植的茶树大多为政和大白茶和当地小菜茶品种。到80年代初，为了改变茶区品种单一的现象，根据不同茶树品种不同的生育期特点，确定全县平原地区以特早、早、中、迟芽搭配和高山茶区以早、中芽品种搭配的布局。到1988年，基本实现了茶树品种布局的良性化、合理化。

在历史上，政和白茶属于外销特种茶，而中华人民共和国成立后，随着茶叶销区的变化（从欧美、东南亚转为苏联），1958年后，白毫银针停产，直到1985年以后才恢复生产。近年来，随着国内消费者对茶叶保健功能的认识和肯定，以及国内福鼎白茶的异军突起，引发了政和白茶在国内的热销。

除银针以外，其实用政和大白茶制作的白牡丹（白茶品类之一）也非常出色。用良种政和大白茶制成的高级白牡丹，外观上，以绿叶夹以银白毫心，形似花朵，呈深灰绿色，叶背披满银白茸毛，叶大芽肥，毫香鲜嫩。冲泡时绿叶展开托着嫩芽，好像花的蓓蕾，非常美观。其汤色清澈晶莹，味清甜，受到大多数人的喜爱，所以成为现在政和最大宗生产的白茶。

不过政和大白茶不是一个高产品种，采摘期也偏晚，相比在20世纪60年代才在福安县选育成功的茶树良种福安大白茶，它要迟20-30天，且生长期短，种植效益不如福安大白茶，所以，在近些年中国白茶的内销热潮中，当地农民一般更爱种植产量更高、采摘期更早的其他良种，而政和大白茶的种植面积却扩展缓慢。

为了保护这个原生品种，政和县委和县茶业管理部门加大技术投入，进行政和大白茶新品种的研发和推广。尤其是近三年来，县茶业管理部门一边推广政和大白茶的品种种植，一边把培育的茶苗免费送给农民种，全县上下齐心要恢复种植政和大白茶。几年下来，政和大白茶在政和县本地由之前不到万亩的规模，达到了16000亩。

在政和铁山镇的隆合茶书院门口，我们见到了一片政和大白茶树

● 白茶的汤色透亮晶莹

林，茶树林的主人，也是政和白茶非遗传承人的杨丰带我们辨识政和大白茶。"政和大白茶树势直立，为小乔木型。分枝少，节间长。嫩枝为红褐色，老枝为灰白色。叶片呈椭圆形，先端渐尖并突尖，基部稍钝，叶缘略向背。叶面为浓绿或黄绿，具光泽。叶肉厚，质较脆。叶脉明显，有7-11对。"

在徽派建筑风格的隆合茶书院里，杨丰一年要接待不少来政和大白茶原产地游学的茶友。他说他经常遇到的问题，一是总被问及福鼎白茶和政和白茶的区别；二是大城市里不懂稼穑的年轻人，尤其是80、90后，会对白茶的工艺提出五花八门的问题。

而他一般会在介绍茶树品种时强调——茶叶本身就是一个大环境的自然载体，茶叶冲泡后会呈现出当地的生态环境、土壤以及周围的生物链情况对茶的整体影响。"正如环境能改变一个人、造就一个人，物种也一样，它跟当地的土壤、气候、风土有绝对的关系。"

站在隆合茶书院的楼顶，放眼铁山风光，只见暮色一点一点地从屋檐落下来，好像一百多年的时光，就这样慢悠悠地走过。而在这座建筑的周围是新旧交替的民居，一片连着一片的田野，绿意盎然，农家的母鸡挪着四方步在楼下院子里闲游。

铁山还有一个称号是"闽北竹乡"，它地处闽浙交界，南依政和城关，西邻松溪县，北和浙江省庆元县毗邻，全镇方圆132.6平方公里，整个地形由东北向西南倾斜，分山地、丘陵、河谷盆地三种地形，是闽东北通往浙西南的咽喉之地。这里有林地面积15.6万亩，毛竹林6.2万亩，茶山7500亩，锥栗2.1万亩，盛产的竹、茶、锥栗等产品品质上乘，尤其竹制茶具既美观又实用。

也正是这样的风土孕育了政和大白茶，促使其一百多年来始终不屈生长。风从哪里来？要往何处去？这是一代又一代的茶人对自己的追问。那么，如果将目光放得更长远些，把镜头摇向一千年前的中国，也许你会有更大的感触。这种感触是什么？请看下一篇。

● 远眺铁山镇

6

千年唐宋茶，
最忆是澄源

时间，已经是2016年的仲春，在古县政和的蒙蒙细雨中，我们挟风而行。而远处山峦上，好像有读书声隐隐传来，等我们走近一看，却是一幢两层木结构的建筑。声音便在这里戛然而止了。

这里是平均海拔900米的政和县澄源乡，地处闽浙两省四县结合部，东与闽东寿宁县交界，南与闽东周宁县隔邻，西靠本县镇前镇、外屯乡，北与浙江省庆元县接壤，全乡总面积271平方公里，现有22个村，2个茶、林场，113个自然村，6600多户，3.1万人，是政和县最大的一个乡镇。而这里的森林覆盖率达到了84%，被认定为省级生态乡。

臆想中的读书声是从1100多年前的一个初夏开始的。唐宣宗大中九年（855年），祖居河南光州固始县白马渡的银青光禄大夫许延二和他官拜金紫光禄大夫的哥哥叶延一，两人原本同掌皇库，却都因受小人陷害而被贬。两个饱读诗书的知识分子，为了避祸，收起忧郁和不平，历尽辛苦、不远万里南迁到了当时文化和经济都不发达的福建隐居，最后定居在了政和南里梧桐（今澄源乡上洋村）。

　　他们到政和的时候，已经快到第二年的端阳节。两个人相互搀扶，走在乡间的路上。这一对当时不满三十岁的兄弟，在怀念京都的繁华之余，也惊讶于他们所到之地的贫瘠。可是他们能做点什么呢？读书人又究竟能做点什么对社会有益的事？思来想去，无非还是教书育人。

● 远眺澄源乡

经过几年的辛苦努力，许延二和叶延一于唐咸通元年（860年）在上洋村东创建了梧桐书院（亦称梧峰书院）以教育子弟，而这是政和历史上有记载的最早一所书院，也是闽北历史上第一所书院，比朱松创办的云根书院还要早两百多年。许多才情出众的政和学子，在这里接受了中国人文思想的启蒙教育，走向四面八方。

历史上的梧桐书院而今只剩遗址了。在几十年前那个疯狂"破四旧"的年代里，这个安静坐落在一个叫"书院坑"的山陇里的老宅，被人彻底破坏，各种屋瓦和木料都拆作他用，整个书院成了废墟。

而今风从垅上过，诉说着"青青子衿"的惆怅。新的梧桐书院，正在眼前的澄源村重建——只见一片水泽之上，一幢两层的传统风格建筑，开始崭露头角。

说完往事，一路陪着我们进入澄源的书院开创者许延二的后人、政和云根茶业的董事长，同时也是当地政和工夫茶、政和白茶制作技艺的非物质文化遗产代表性传承人许益灿感慨地说："澄源是一个古老淳朴的乡镇，我们许氏宗族在这里发展了一千多年，几乎过着与世无争的生活。"

澄源乡确实民风淳厚。在前村，我们一眼望过去的古民居就有四五十座，一些老人和儿童进进出出，憨厚地对我们笑。一条清澈的小溪穿村而过，溪中随处可见活泼好动的鲤鱼。鱼群丝毫不怕人，只要投喂一点食物，它们就快乐地挤上前来，顿时溪中就像绽开了一朵花。

这是一条有名的鲤鱼溪，也是一条风水溪。从没有人捕捞溪中的鲤鱼，而鱼群对人也是无比亲近。村里的一位老人这时挑着茶篮走过来，邀请我们去家里做客，我们摆了摆手谢过，就又上路了。

到处是古迹的澄源，还有一个鼎鼎大名的家族，他们是唐代大书法家、一代忠臣颜真卿的后人，如今居住在澄源乡大山深处的赤溪村。全村近千人口，有90%的村民都姓颜，他们现在仍完好地保存着祖传宗谱一部，题为《鲁国序谱》（祖籍山东的颜真卿，曾受封为"鲁郡开国公"）。

　　中国进入社会加速动荡的时期，也就是历史上的五代十国（907年-960年）。在这段朝代更迭、战乱不断、民不聊生的岁月中，时任吏部尚书的颜真卿八世孙颜虬松，因为厌倦了官场又崇尚道学，就弃官来到了闽北。他定居在澄源赤溪，是看中了这里的田园风光和物产丰富，决心开辟乡土、发展农耕，同时，用他高明的医术治病救人。

●澄源民居

《鲁国序谱》就保存在村里的颜氏宗祠内，这里同时保存着颜真卿生前所佩的玉带，距今有1100多年了。而颜氏宗祠因年久破败，在2008年，用6个多月时间进行了全面修缮。据说在每年的6月中旬，赤溪村都要举办隆重的迎仙节，在此期间家家户户都要杀鸡宰羊，祭奠颜真卿和颜虬松两位先祖。

文人后裔居住的赤溪，还是武状元之乡。也许是因为过去战争的阴影，颜家的后人大多崇尚习武，甚至颇有造诣。仅仅清道光年间，在建宁府（现建瓯市）举行的武试中，颜氏弟子就考取了12人，而且夺得了第一名。所以如今颜氏祠堂还存有一个宝物：就是当年武状元的奖品——一把"官刀"，它长约3米，重达128斤，一般人是举不起来的。

在保存了完整明清古民居建筑群的赤溪村西南，有一座清乾隆五十五年（1790年）时建造的古廊桥"赤溪桥"，现在是省级重点文物保护单位，并进入了"闽浙木拱廊桥"这项世界文化遗产的名单，成为政和记录在册的"国宝"。

赤溪古廊桥历经200多年的风雨，既没有腐烂，也没有坍塌，令现代人都啧啧称奇。而且，这是一座不费寸钉片铁，只凭榫卯衔接的木桥，桥底拱而桥面平，结构严密，建筑稳固。廊桥没有柱脚，完全靠它自身的强度、摩擦力和直径的大小、所成的角度等形成支撑。

过去的政和廊桥并非只为行路。因为政和县地处闽北山区，山高路远，在几百年前交通不发达的岁月里，很多人要挑着柴火、山货、茶叶等物资到附近的集镇交换生活所需，比如像澄源这样的高山区，山民就要一路跋山涉水、忍饥挨饿，挑着担子走上几十上百里去讨生活。一些乐善好施的好心人，为了让出门谋生的行人在途中有个乘凉、避雨、喝杯水的歇脚点，就在沿途的廊桥上、凉亭中，以及寺庙、道观里，免费为路人施茶。所以政和有不少廊桥。

而在高山区的古廊桥上，曾经有全年不断的无偿供应凉茶，特别到了农忙的夏秋季节，廊桥附近的所有人家都会主动轮流到桥上烧茶。轮到烧茶的人家，当家的主妇一大早就会到这里烧茶，给田间劳动的农民和路过的行人解渴，因为不断升腾的水蒸气飘散在空气中，几乎经年不断，所以廊桥有了一个很亲切的名字"烧茶桥"。

那年头，在廊桥上烧的茶都是很简单的，不过是水烧好后，在两个大木桶中加些菜茶和荒山野茶之类的粗茶，它们毫不精致，却能喝出属于山野的味道。

● 赤溪村

在对澄源的一路感慨中，我们踏入了一片视野绝佳的茶园——石仔岭生态茶园。它的前身是澄源乡茶场，地处澄源乡澄源村，始建于1976年，2007年改制后由福建省政和县云根茶业有限公司经营管理，并成为该公司的产茶基地，现有茶园面积5000余亩。主要茶种有政和大白茶、福安大白茶、金观音、黄观音、梅占、台茶12号、瑞香，紫玫瑰等，另外还保留有300余亩生长达200余年的小菜茶（土茶）。

这里海拔近千米，茶园中长着各种野草、野花和野果树，沿着一条用石阶连成的观赏道可以一直走到茶园最高处，然后极目四眺。对此许益灿笑着说，经常有人来看茶园，却把这里当成了花果山。看得出来，在澄源土生土长的许益灿，对他的每一株茶苗都爱护有加，就连山风吹歪了茶园脚下的一个牌子，他也要仔细地把它扳正。

"茶叶，是我们这个古老的山区，人人都爱的东西。"出生于20世纪70年代的许益灿，回忆小时候的生活说，"那时候我们澄源乡的人，因为山里生活的这种自足性甚至很少出门。我第一次去县城还是在中考那年，看到满街的人，听到电铃的声音，感觉既新鲜又困惑。"

确实如许益灿所说，已经1000多年过去了，澄源乡还是一派"阡陌交通，鸡犬相闻，有良田美池桑竹之属"的世外桃源风貌。这里的山民既少见外人，也不提防外人（流动人口很少），甚至许多人白天出门劳作，都没有闭户的习惯。直到黄昏的云霞染红了半边天时，他们才踩着夕阳回家，在邻里乡亲的问候中，喝一碗热汤，放松劳作了一天的筋骨。其实，茶叶一直是澄源的支柱产业，也是最传统的产业之一。整个澄源乡现有茶园面积1.8万亩，其中可采摘面积1.5万亩，茶树种植品种有福安大白茶、福云六号、政和大白茶、台茶12号、福云595、铁观音等优良品种，就茶叶种植面积而言，居整个政和县首位，占全县茶叶种植总面积的25%左右，年产量达到3万担以上。

澄源茶因何能有这样的产出？应该说和它的气候有很大关系。澄源地处二元地域，属典型的中亚热带季风性湿润气候，又称高山气候，冬寒夏凉，年平均气温才14.7℃左右，年降水量1900毫米，空气湿度大。即使是在盛夏，山里的平均气温也只有25℃左右，早晚温差大，十分适宜茶树的生长，且让茶树因光合作用的影响，积累了更丰富的有益物质。

现代科学分析表明，茶树新梢中茶多酚的含量会随着海拔的升高、气温的降低而减少，从而使茶叶的苦涩味减轻；而茶叶中氨基酸和芳香物质的含量却随着海拔升高、气温的降低而增加，这就为茶叶滋味的鲜爽甘醇提供了基础。有学者也在研究高山茶叶的香气的形成机理时指出，山区低温和茶梢生长缓慢是形成高山茶香的主要原因。而茶叶中的芳香物质在加工过程中会发生复杂的化学变化，产生某些鲜花的芬芳，具有独特的风味特征。

地处高山区的澄源所拥有的小气候，使茶园保持了较理想的生态平衡。茶树凭借自身的抵御能力，少有病虫害，很多茶园从

● 石仔岭茶园

● 赤溪桥

不喷施农药；而山区茶园中的天然肥源丰富，让土壤保持了良好的理化性状，使茶叶品质更优良。另外，这里人迹罕至，几乎没有空气污染，又让高山茶的生态多了一份保证。

就是这样一片茶，源自深林，产于乡野，最终走向千家万户的茶桌。但这中间，还要经过无数的人事流转和因缘际遇，才能成为被载入史册的传奇。曾经有许多人的名字在岁月的长河中被湮没，但他们创造的却都留了下来，成就了今天的丰饶，或是一种悬念。那么在这里，就请跟着我们将脚步迈向更深处，去分解一段持续多年的论争。

再说白牡丹和贡眉茶的
原产地之争

都说"世界白茶在中国，中国白茶在福建"，今天意义上的福鼎白茶和政和白茶的兴起，是源于两地所产的"北路银针"和"南路银针"，带动了中国白茶的发展。但是在整个白茶一百多年的产制和运销的脉络里，白毫银针却因其制作材料须为头春芽茶的缘故，产量不算高。

白茶依茶树品种、采摘标准不同，由传统工艺制得的产品可分为银针、白牡丹、贡眉和寿眉；在传统工艺的基础上，白茶制作增加了揉捻程序，制得的白茶称为新工艺白茶。在中国白茶这个大家族里，目前在市场流通的数量上处于领先地位的，当数白牡丹和寿眉两类。

　　可白牡丹明明是茶，为什么有个像花一般的名字？这还要从它的形态说起：因为白牡丹的毫心肥壮，叶张肥嫩，叶色灰绿，夹以银白毫心，呈"抱心形"，很像花朵；冲泡后绿叶托着嫩芽，宛如蓓蕾初放，故得美名"白牡丹"。

　　白牡丹按其制作时的茶树品种不同，可分为"小白"、"大白"和"水仙白"。采自菜茶的茶叶制成的称"小白"，采自福鼎大白茶、福安大白茶、政和大白茶的鲜叶制成的称"大白"，而采自水仙茶的鲜叶制成的称为"水仙白"。

　　在"小白"、"大白"和"水仙白"中，平时在市场上多见的主要是"大白"制作的白牡丹，因为它的品相好、产量高——福鼎大白茶制的成茶以毫芽洁白肥壮、多茸毛、香气清鲜有毫香、滋味鲜爽而见长；政和大白茶制的成茶则以毫芽肥壮、香气清鲜、滋味鲜醇浓厚取胜。至于"小白"茶，由于菜茶本身种植面积小、产量低，目前制作较少。而"水仙白"在过去更多供拼配用，一般不单独精制成白牡丹。

　　福鼎和政和两地，如今因白茶主产区的地位广为人知，但"中国白茶在福建"这句话辐射的范围，其实包含了大部分的闽东和闽北茶区，如福鼎周边的福安、柘荣、寿宁也有白茶生产，而政和及其周边的建阳、松溪、建瓯等地都是白茶的重要产区。历史上的白牡丹茶，正是在1920年前后发源于建阳水吉（水吉旧属建瓯，现属建阳），之后才传到政和并被大量生产的。

　　说到水吉，当然绕不开建阳白茶的话题，因为从白茶诞生一直到中华人民共和国成立，建阳白茶都一直和福鼎、政和白茶一起，成为福建省主要的外销特种名茶，而建阳县水吉（含漳墩、回龙、小湖）一带生产白茶

● 古镇水吉

已有一百多年的历史。

在建阳采访时，我们遇上了已经退休的原建阳市茶业局局长林今团。多年来，他一直致力于建阳白茶的考证，为我们的考察和发掘提供了重要资料。

根据林今团的描述，自道光（1821年）后，水吉当地发现了水仙茶树品种并引进大白茶树种。同治年间（1862-1874年），水吉白茶的生产有很大发展：最早以水吉小叶茶芽制银针，称为"白毫"，到19世纪后期，水吉终以大叶茶芽制高级白茶"白毫银针"，并首创"白牡丹"获得成功。

在前往水吉的道路上，林今团告诉我们："水吉这个白茶产区历史是不算长，但也曾大起大落，随着国内形势而盛衰。1934年，这一带的白茶产量为68吨，1940年，大湖、水吉的白茶精制厂尚有15家，成品3600箱，约54吨，其中白牡丹14.25吨，占26.30%。到中华人民共和国成立初期，白茶产量已降至30多吨。20世纪50年代很快发展到100吨左右，60年代达150吨左右，至70年代便以年均20%的速度增长，1979年，达到650吨。后来，由于低档茶所占比重过大，以及国际市场变化，1980年后这里的白茶产区开始大量改制绿茶。此后实行'定点、定时、定量'生产白茶，每春约制白茶350吨。"

建阳，是福建省最古老的五个县邑之一，位处闽北武夷山南麓，建溪上游。原属建瓯县的水吉曾经在民国二十九年（1940年）被分出为水吉县。1956年，水吉被撤销县制，划归建阳，并置回龙区、郑墩区、小湖区及水吉镇。1994年3月，经国务院批准，建阳撤县建市（县级市）。2014年5月，国务院批复同意南平市行政区划调整方案，同意撤销建阳市，设立南平市建阳区。2015年3月18日，南平市建阳区正式成立。

时光荏苒，蹉跎了一段古老的岁月，而建阳水吉的兴衰，带走了一个时代。事实上，水吉在过去就像福鼎的白琳一样，因其水路运输的发达，曾经是闽北茶叶生产交易的重镇，号称"瓯宁第一镇"，也是南浦溪上数得着的大码头之一（码头现在是挖沙场）。

这段历史如今被记录在《水吉志》中："1940年代，水吉镇是水吉县城，人口将近1万，有30多个行业，380多户商家，资金比较雄厚的有福源、祥春、李豫生、胡润记等老店，在街上贸易的货物包括大米、莲子、泽泻、香菇、茶叶、京果、酱油、桐油、食盐、布匹等。"

从光绪年间（1875-1908年）开始，香港、广州和潮汕的茶商纷纷到水吉开设茶庄经营白茶。根据林今团考证的记载显示："'最盛时，水吉有茶商60多家字号，其中港商21号、穗商3号、汕商3号、厦商4号'。此期间，地处南浦溪畔的大湖村也成为白茶的集散地。当年广州和香港合办的'金泰茶庄'、广州'同泰昌'、香港'友信'等茶庄的号牌上的镂刻镏金大字至今仍存。1987年88岁去世的本地人黄绍元先生的'元春'茶庄，仅民国二十九年（1940年）就加工出口白牡丹和寿眉各200箱，占出口白茶总量的54%。是年全大湖村还有白茶厂13家，加工出口白茶2150箱，约37.9吨。"

民国二十五年（1936年），水吉县的白茶产量为83吨，占全县茶叶产量的10.13%，占当年福建省白茶生产总量（164吨）的50.61%。民国二十八年（1939年），水吉县白茶产量为90吨，占全县茶叶产量的11.76%。其中水吉产的寿眉占全国侨销茶（侨销茶是中国外销茶的一种，消费者是侨居国外的华侨）的三分之一，白牡丹占八分之一。民国二十九年（1940年），水吉和大湖二地加工出口白茶3600箱（其中寿眉2650箱、白牡丹950箱），约63吨。

我们走进水吉的时候，这里已经难寻当年的繁华，曾经古朴的风貌在鳞次栉比的新楼群中被逐渐湮没。问及当年水吉建县的缘由，一旁支着小吃摊的一位老者告诉我们，除了水吉水运码头的特殊地位外，主要还因为它位于闽北的中心地带，距离北面的浦城、南面的建阳以及东面的松溪，距离都比较远，是个三不管之地，所以在20世纪30年代那段多事之秋，当地政府为了加大对水吉的军事控制和经济管理，才决定设立水吉县，增加武装和行政力量。

我们带着遗憾的心情在街上走，偶尔可见街旁矗立的牌坊和祠堂踪迹，它们似乎在向人们诉说曾

● 水吉镇上的牌坊

● 寿眉　　　　　　　　　　　　　　　　　● 贡眉

经的钟鸣鼎盛。就在距离水吉镇东面两三里的郑墩村，我们在村头路口见
到一座壮观的八字形牌坊，上面的砖雕精美古朴，而在花饰和吉祥物之间
则书有"南州屏障"四字。据说，当年文武百官路过此地时，都必须文官
下轿武官下马。若从这道牌坊进去，就能走到与牌坊同时建于明嘉靖四十
三年（1564年）的"西瓯徐氏祠"了。而徐氏宗族，也是当地人数最多的
宗族之一。

　　白牡丹茶始于建阳，发展壮大却是在政和和松溪，而福鼎在改革开放
以前产白牡丹较少，主要是以白毫银针在出口市场上领先。

　　另外不得不提的是白茶家族中的贡眉和寿眉，如今在人们的理解中出
现了一种谬误——有些对中国白茶分类和发展轨迹不了解的人，常常以为
贡眉就是寿眉，是最高等的白毫银针和中高等级的白牡丹制作结束后的下
一等级产品；或者认为贡眉是介于白牡丹与寿眉之间的一个等级。这种理
解是不对的。

　　过去传统意义上的贡眉，是用菜茶制作的白茶，制法基本上同"白牡
丹"，取春季的一芽二叶或一芽三叶，经萎凋、焙干而成。其毫心明显，

茸毫色白且多，干茶色泽灰绿，冲泡后汤色橙黄，味醇爽，香气鲜纯，叶底匀整、柔软，主销香港和澳门等地。贡眉的原产地和主产地都在建阳，建阳漳墩镇更有着"贡眉故乡"之称，但现在随着市场变化，有不少我们所见的贡眉是在白毫银针和白牡丹制作结束后，采摘一芽二叶、一芽三叶制作的产品，非传统意义上的贡眉。

寿眉与传统贡眉不同，它是所有中国白茶中产量最高的一类，一般选用一芽三叶、一芽四叶的春末茶青，以及秋季的茶青制成，口感与银针和白牡丹有较大区别。外形上，叶张舒展，叶色呈灰绿带黄，叶脉微红，冲泡后汤色杏黄，滋味鲜醇。

另外要指出的是，中国著名茶学家张天福在他写于20世纪60年代的《福建白茶的调查研究》一文中还提到一点，"在贡眉中另单独列有寿眉花色，其品质在贡眉三、四级之间，但在精制时有拼入一部分大白茶的粗片原料。寿眉在1953-1954年尚有制造，以后停制，至1959年外销市场又有需要乃恢复寿眉的制造"。此处所指的"寿眉"乃是因国家茶叶出口的需要，在国营茶厂大生产时期所对应的一个外贸等级，多指原料比较粗老的"寿眉片"，与茶树品种倒无直接的关系。

在贡眉原产地漳墩镇，一年中只有一个茶季——春茶期。而此地的头采、二采、三采，都只用来做贡眉。据说这是因为菜茶的茶针过于细小，无法制作白毫银针和白牡丹，只能制作贡眉。而漳墩贡眉的产量现在并不大，这也进一步导致了市场上对贡眉和寿眉的区分不清。

不得不说，建阳白茶是中国白茶中一支古老的力量，它不但是白牡丹和贡眉的原产地，另外还孕育出了独具风格的建阳"水仙白"，成为中国白茶中的群香之"最"。但这一缕茶香究竟因何沁人心脾，又是怎样陶醉八方的？请看下一篇。

⑧
水仙白会是一种
怎样的存在

到建阳看茶，有三个地方是不得不去的：一是当年作为茶贸中枢的水吉老街，二是贡眉白茶的产地漳墩，第三个地方就是水仙茶的发源地水吉大湖了。

历史上的水吉（1938-1956年曾为一个县，后大部分并入建阳）大湖村（现建阳市小湖镇大湖村），地处浦南（浦城南平）溪畔，自古以来就以粮、茶、竹、木作为其经济支柱产业。中国有名的茶树良种——水仙，就是由此地的茶农发现、繁育和推广的。而水吉从清朝嘉庆时期开始到民国中后期的一长段时间内，一直是闽北重要的茶叶集散地之一。

● 建阳市小湖镇大湖村，是水仙茶的发源地

据清道光年间的《瓯宁县志》记述："水仙茶出禾义里（今小湖镇），大湖之大山坪。其地有岩叉山，山上有祝桃仙洞。西乾厂某甲，业茶，樵采于山，偶到洞前，得一木似茶而香，遂移栽园中。及长采下，用造茶法制之，果奇香为诸茶冠。但开花不结籽。初用插木法，所传甚难。后因墙倾，将茶压倒发根，始悟压茶之法，获大发达。流通各县，而西乾之母茶至今犹存，固一奇也。"这也就是说，水仙茶的原产地是大湖岩叉山祝桃仙洞前。相传因小湖方言"祝仙"与"水仙"音近，人们便称其为"水仙"。但还有一种看法认为这种茶因有一股很优柔的水仙花香，所以才得名"水仙茶"。

对此处茶树的发现，张天福早在1939年所撰《水仙母树志》中就做出论断：此乃水仙茶之母树。另据现代茶学家庄晚芳等人在《中国名茶》中的介绍：建阳、建瓯一带在1000年前就已经存在像水仙这样的品种，但人工栽培就只有300年左右的历史。大约是在清康熙年间（1662-1722年），移居到大湖村的闽南人在发现这种茶树后，采用压条繁殖成功，随后，此茶在附近水吉、武夷山和建瓯等地传开。

而建阳水仙茶被发现以后，逐渐形成中国水仙茶的两支主力——以武夷、建阳、建瓯制法形成的"闽北水仙"和以永春水仙为代表的"闽南水仙"，其中闽南水仙中的漳平水仙又在传统工艺的基础上制成了"水仙茶饼"，成为中国乌龙茶中唯一的紧压茶。

　　水仙茶位列48个"中国国家级茶树良种"之首，也是全国41个半乔木大叶型茶树良种之首，还是发源于福建建阳唯一的茶树良种。1985年全国农作物品种审定委员会认定其为国家品种，编号GS13009—1985。如今的中国水仙茶，主要分布在福建北部、南部，广东的饶平以及台湾省的新竹、台北。20世纪60年代时，福建省以外的浙江、安徽、湖南和四川等省的部分地区也有引种。

　　水仙茶是无性系，小乔木型，大叶类，晚生种。植株高大，主干显，分枝稀，叶片呈水平状着生。叶为长椭圆或椭圆形，叶色深绿，富光泽，叶面平，叶缘平，叶身平，叶尖渐尖，叶齿较锐、深密，叶质厚、硬脆。它的芽叶生育力较强，发芽稀，持嫩性较强。一芽三叶的盛期在每年4月下旬，产量较高。一芽二叶的水仙春茶中，约含氨基酸2.6%、茶多酚25.1%、儿茶素16.6%和咖啡碱4.1%。

　　总体上讲，水仙茶适制乌龙茶、红茶、绿茶、白茶等茶类，品质优秀。制乌龙茶，它条索肥壮，色泽乌绿润，香高长似兰花香，味醇厚，回味甘爽；制红茶、绿茶，条索肥壮，白毫显，香高，味浓；制白茶，则芽壮毫多色白，香清味醇。

　　水仙茶是从何时开始用以制作白茶的？人们早在20世纪80年代，就在林今团的脚下开始寻访。如今已近70岁的他回忆道："我在1984年的4月25-30日，1987年的10月29日和1988年的11月14日，曾先后三次到小湖镇

● 水仙茶树

大湖村、祝墩村及鸿庇村，采访当地'三老'（老茶农、老茶工、老茶商）。他们所谈的最早的水仙白的采制时间是1911年或1912年。因为当时该地除了水仙茶大叶种外，尚未引进其他大叶种。"

生于1905年的黄秉伦和生于1904年的黄秉亨两位老人是老茶工。据他们受访时的说法，其祖辈就从事"水仙香"（现"闽北水仙"）的收购和加工精制工作。而黄秉伦的父亲在光绪年间（1875-1908年）就做水仙茶的"挑针"，就是挑采水仙茶树上的粗壮新梢的单芽，用来晾制"银针"。在他七八岁的时候，他家制茶都是"先挑针，后晾水仙白"，而无论银针，还是水仙白，都卖给了本地人黄秉海办的"黄永泰茶庄"（大湖村最出名的大茶庄之一），因为他们的伯父黄瑞文就在"黄永泰茶庄"当"发梗"（拣茶梗、茶片的工头）。

"黄永泰茶庄"主营白茶。在黄秉伦成年后的民国十三年（1924年），他到"黄永泰茶庄"当焙工，他清晰地记得当年的"农林公司"要求这个茶庄加工15000箱白牡丹，结果因原料不足，只做了4000箱（"二五箱"，每箱30斤，红花秤100斤等于105市斤）。

因为水仙茶的缘故，大湖也曾风光无限——从清光绪年间至民国初年，水仙茶进入兴盛时期，以岩叉水仙为茶号，开始大量出口。当时的广东、香港茶商都纷纷来大湖开设茶庄，像生泰、益泰、祯泰、瑞祥、永泰、友泰、广泰、兰生、天生、杰泰、正春、异纪、荣贞、金泰、同茂春、同芳泰、鸿圃等；而本地茶商设的茶庄则有茂泰、元春、恒昌、永昌、元圃、黄荣茂、永康等。每年做茶季节，本地茶贩要从崇安（今武夷山）、松溪、政和、建瓯等闽北地区生产水仙茶的村落，购来大量水仙毛茶，茶行师傅通宵达旦地加工。在鼎盛时期，连浙西水仙茶产区的毛茶也运往大湖，茶叶年交易量曾突破万担。

● 水仙茶母树原址的立碑

一位黄姓茶商描述当年盛况时感慨："大湖茶商黄荣茂茶庄，承祖遗教精制良茶，陆路运销漳泉厦汕，精工巧焙，清香可口，茶商云集商号30余间，年产茶叶4万余箱，自五口通商。"在春茶生产旺季，南浦溪上往来的汽艇帆船，最多时达到300多条，可以说一眼望不到头。

中华人民共和国成立前，正因为水仙茶的价高，利润也高，像"水仙香"的毛茶，中间价每斤值5角钱，而当时稻谷价格100斤才2元，即1斤"水仙香"可买25斤稻谷。所以，许多人都尽力生产水仙茶，多的农户一年产茶五六百斤。但有一个问题是，水仙茶鲜叶的采摘时间高度集中，而农户劳动人手少，茶叶常常粗老在树上，影响收益。

为了解决现实的生计问题，当地茶农想了一个方法"先挑白，后制水仙香"，即分先后两批采制：第一批是等水仙茶树上长出一芽一二叶时，就"挑白"——采一芽二叶，晾干制成白茶，叫"水仙白"。第二批是等树上长出一芽三四叶时再采一芽三四叶制"水仙香"，以达到茶叶不粗老在树上的目的。而茶农们制出的水仙白和水仙香，都是挑运到大湖卖给潮州商人办的茶庄。当时最上品的水仙白每斤值七八角钱，差不多可以买三四十斤稻谷。

随着时代的发展，建阳在引进政和大白茶等大白茶树品种后，逐渐将水仙白（毛茶）与由其他大白茶树品种采制的白毛茶拼配精制加工为白牡丹，以水仙特殊的品种香来提高成品白茶的香气。一直到20世纪七八十年代，建阳水仙白也不过才占建阳白茶总产量的5%左右。

老茶农告诉我们："采制水仙白，一靠天二靠地三靠采工。"它的"开青"非常关键——开筛晾青萎凋，动作要敏捷快速，水筛旋转一次成功。筛上青叶均匀摊开，平铺，互不重叠。一般来说，这都需要十几甚至几十年的功力。

在林今团以及原福建省茶检中心主任陈金水的指引下，我们在位于建阳书坊乡的刘家茶园（原本是一片药圃）中，见到了引种于清同治十三年（1874年）的15株水仙茶树，如今树龄已达142年，茶园中最高老水仙茶树高达6.39米，树干最粗达127厘米。令人叹为观止，而这也是迄今为止全国人工栽培的树龄最长、树冠最高、直径最大和连片成活率最高的茶树林。

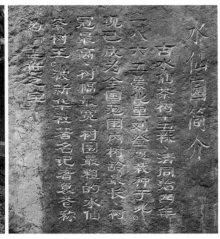

● 水仙古茶园；古茶园的石碑

为更好地保护这片百年水仙茶树群，福建省农业厅、建阳市人民政府在此设立了保护区，并于2009年10月立碑，碑上书"福建省茶树优异种质资源保护区"，资源编号闽HW005。

大湖水仙茶的母树如今已枯死不在了，但为了纪念这株茶树，1988年，有大湖村民黄氏在母茶发现地岩叉山、发祥地西乾（属大湖）各树一碑，并捐资在水仙茶母原址建塚以志留念。2008年，大湖村委会为推动水仙茶地理标志的申报，特在后门茶山立碑记录水仙母树的发现与大湖水仙茶的发展历史。

在仲春清爽的风里，我们坐下来，冲开一泡刚刚制好的水仙白：只见其身形细长挺直带梗，水注入盖碗便扬起幽细绵长的品种香。而入喉时的汤水清甜滑顺，汤清而润活，水中有充实的香气，回韵甜美。这对白茶来说，当属另一种世外飞仙的风格，有些高冷却又清丽脱俗。

采访中，我们了解到建阳水仙白的传统制作技艺也曾失传多年，直到2014年4月，通过建阳市委市政府的推动，由建阳市财政拨出专款，启动了恢复"水仙白"传统技艺项目。最终在市农业局与茶业协会成立的专家组的努力下，技术攻关获得了成功，现处于技术全面推广阶段。

对中国白茶的发展脉络，如今已107岁高龄的世纪老人张天福无疑最有发言权，他在《福建茶史考》一文中总结了自己的研究成果："白茶的制造历史先由福鼎开始，之后传到建阳的水吉，再传到政和。以制茶种类说，先有银针，后有白牡丹、贡眉、寿眉；先有小白，后有大白，再有水仙白。"

在这里要指出的是，不管以哪种方式和途径获得发展，也不论采用的是哪个茶树品种、哪种工艺制作的白茶，都离不开"标准"二字。只有采用产自良好生态环境的优质原料和严谨的上乘工艺，才能成就一杯中国白茶的好味道。这是一种什么样的味道？请看下一篇。

⑨

带你了解
一杯好白茶的标准

在说白茶的标准之前，我们先要弄清一个关键问题，就是白茶到底有哪些？因为市面上叫白茶的茶不少，概念也很容易混淆。前几年，白茶在市场上还不流行的时候，一说到白茶，不少人会认为是安吉白茶。因此我们要梳理一下白茶的种类。

一是六大茶类中的白茶。陈椽教授在其1978年发表在《茶业通报》上的《茶叶分类的理论与实际》一文中指出："茶叶根据制法和品质的系统以及应用习惯上的分类，按照黄烷醇类含量多少的次序，可分为绿茶、黄茶、黑茶、白茶、青茶、红茶六大类。"并在"白茶分类纲目"里明确提出："白茶品质特点是白色茸毛多，汤色浅淡或初泡无色。要求黄烷醇类轻度地延缓地自然氧化，既不破坏酶促作用，抑止氧化，也不促进氧化，听其自然变化。一般制法是经过萎凋、干燥二个工序。"它的制作工艺是不炒不揉，萎凋、干燥而成，我们书中所说的白茶，是指这一类，主要产地在福建的福鼎和政和。

二是绿茶中的白茶，代表是安吉白茶。安吉白茶树是由于遗传因素或外界因素影响，导致叶绿素合成受阻而叶绿素含量较少、芽叶色泽趋向白色的茶树。安吉白茶树在早春气温低的时候，叶色会变白，但是安吉白茶是按照绿茶工艺制作而成，它只能划分到绿茶中。

三是茶树品种。我们习惯上，往往把芽叶多白毫的茶叫白茶，例如用来制作白茶的福鼎大白茶、福安大白茶、政和大白茶。芽叶多白毫的茶还有乐昌白毛茶、凌云白毛茶、汝城白毛茶等，从品质上看，白毛茶芽叶肥壮，白毫显露，香气馥郁持久，滋味浓厚鲜爽，回味甘甜，和白茶品质极其相似，但因其采用绿茶加工工艺，所以属于绿茶。

一、白茶的几种分类方法

白茶依采摘标准不同，可分为白毫银针、白牡丹、贡眉和寿眉。传统上将由大白茶或水仙茶树的嫩梢的肥壮芽头制成的成品称"白毫银针"；由大白茶或水仙茶树的嫩梢的一芽一二叶制成的成品称"白牡丹"；由菜茶茶树的芽叶制成的成品称"贡眉"；由制白毫银针时采下的嫩梢，经抽针后，剩下的叶片和低等级的芽叶制成的成品称"寿眉"。现在生产的白茶品种主要有福鼎大毫、福安大白、政和大白、福鼎大白等，已很少用水仙茶树、菜茶茶树上的鲜叶来制作白茶。

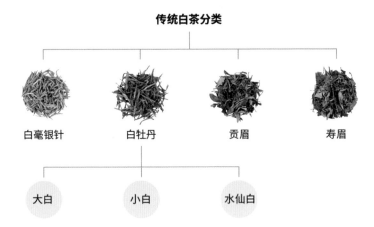

传统白茶分类

白牡丹依茶树品种不同可分"大白"、"小白"和"水仙白"，由福鼎大毫茶、福鼎大白茶、福安大白茶、政和大白茶等茶树上的鲜叶制成的成品称"大白"，由菜茶茶树上的鲜叶制成的称"小白"，由水仙茶树上的鲜叶制成的称"水仙白"。

白茶按工艺区分，还有一种新工艺白茶。台湾白茶的制作过程中，在萎凋之后还进行了杀青和轻度揉捻，在20世纪60年代的香港市场，这种制法的白茶很受欢迎，并占据了香港的主要市场。1968年，福建省茶叶进出口公司为适应香港地区的市场需要，仿效台湾白茶的制法，在福鼎白琳厂创造了白茶的新工艺，投放到香港市场，大获成功。新工艺白茶的鲜叶等级类似寿眉和贡眉，但萎凋后经过轻度揉捻，干茶外形呈条索状，有类似乌龙茶的香气。由于揉捻导致细胞壁破裂产生理化反应，虽然是轻微的，但与传统白茶的不炒不揉有根本性的区别。2006年以来，白茶制作开始仿造普洱茶，压制成白茶饼。

二、白茶的色香味形

经过长时间的萎凋，鲜叶叶色渐变而呈"绿叶红筋"，白茶因而有"红装素裹"之誉，毫心肥壮，叶张肥嫩并波纹隆起，叶缘微向叶背垂卷，芽叶连枝，叶片抱心，形似花朵。内质毫香显，味鲜醇，不带青气和苦涩味，汤色杏黄，清澈明亮，叶底浅灰，叶脉微红。

1. 外形——毫心肥壮

白茶原料主要选用福鼎大毫茶、福安大白茶、政和大白茶、福鼎大白茶等茶树品种，这部分约占白茶产量的85%。这些茶树属于中大叶种，加工成白茶最显著的特点是外形"毫心肥壮，多白毫"，干茶色泽灰绿或暗绿，叶背白毫银亮，绿面白底，故有"青天白地"之称。菜茶属于中小叶种，芽头相对会显得瘦小，制成干茶，白毫显露，弯曲成"眉毛"状，故把它称为"贡眉"。

白茶叶缘垂卷和芽叶连枝的外观形态特征，是萎凋过程中，鲜叶逐渐失水干缩，引起萎凋变化所致。白茶萎凋过程中，水分逐渐散失，由于叶表与叶背的组织结构不同，在长时间的萎凋失水过程中，叶背细胞的失水速度大于叶表细胞，引起叶表叶背张力的不平衡，从而形成白茶叶缘垂卷的外形。

白茶干茶的色泽是鲜叶的茸毛和内含物在萎凋过程中经过降解、氧化、聚合等一系列变化后形成的。在萎凋过程中，叶绿素含量的不断减少，以及叶绿素脱镁反应使得叶色从绿色逐渐转变为灰绿色，加上萎凋过程中成色物质的增加，最终形成白茶灰绿的色泽。

① 白毫银针的外形要求

芽肥嫩壮大，茸毛多，洁白而富有光泽。

② 白牡丹的外形要求

芽叶连枝，毫心肥壮，毫心和叶背银白茸毛显露，叶面为灰绿色。叶面隆起，叶缘
向叶背卷起。

③ 贡眉和寿眉的外形要求

芽叶柔嫩，叶面隆起，叶缘向叶背卷起。绿中带灰，也属于白茶的正常色泽。如果
出现叶张破碎，表面有腊质的老片，这些多会影响到白茶的品质。叶色呈深绿、草
绿色，有的甚至呈深红似铁锈色，暗无光泽，这些都不是白茶的正常色泽。

不同品种干茶的外形对比

图中依次为由政和大白、福云595、福鼎大毫制成的白毫银针干茶外形。

① 政和大白　芽头长，芽身略扁，色泽深绿，茶毫显。

② 福云595　芽头短，芽身圆，色泽黄绿，茶毫多。

③ 福鼎大毫　芽头短，芽身圆，色泽灰绿，茶毫满披。

注意

茶树品种对茶叶的品质影响较大，从外形看，福鼎大毫茶不仅开采最早，而且制成的白茶外形好，不仅白毫多，而且色泽灰绿明亮；政和大白开采时间要比福鼎大毫晚十多天，制成的白茶，在外形上，其白毫不如福鼎大毫所制白茶来得浓密，色泽也偏暗；福云595制成的白茶的白毫，则介于福鼎大毫和政和大白之间，但色泽偏黄。

不同采摘季节的干茶外形对比

图中为由政和大白不同时间采摘的鲜叶所制干茶外形。

① 第一次采摘的外形。芽头肥壮,茶毫显而且多,色泽灰绿中带翠。

② 第二次采摘的外形。芽头要比第一次采摘的小,茶毫显,不如头摘茶浓密,色泽灰绿,颜色也比头摘茶深。

③ 春茶后期采摘的干茶外形。茶芽瘦小,有茶毫,色泽灰绿带黄。

①　②
③

注意

白茶以春茶第一、二轮品质最佳,到了三四轮过后多系侧芽,芽较小。夏茶由于气温高,抽芽快,品质比春茶差。秋茶介于春茶和夏茶之间,由于秋天天气较干燥,高山茶区的秋茶制成的白茶香气好。

2. 汤色——清澈透亮

黄绿、杏黄、橙黄及橙红等色，都有可能是白茶茶汤的颜色，茶汤的色泽取决于鲜叶的成熟度和加工方式。茶汤中以儿茶素为主的多酚类化合物在萎凋过程中会受多酚氧化酶和过氧化酶的催化，氧化成橙黄色的茶黄素、棕红色的茶红素和暗褐色的茶褐素，这些氧化物属水溶性，在白茶的萎凋和干燥过程中，部分与蛋白质结合成不溶性的物质，而一部分溶于茶汤，形成白茶茶汤杏黄或者橙黄的汤色。

色泽与品质有关，但不宜以汤色直接判断品质，是否澄清才是判别白茶品质的关键。好的白茶，汤色必定澄清，但茶毫带来的浑浊除外。茶汤澄清透亮与可溶性果胶等物质含量呈正比，可溶性果胶等物质在白茶萎凋过程中也会增减，所以质量上乘的白茶茶汤清澈透亮。

白茶汤色以嫩黄、清澈明亮为最佳，浅黄、深黄、橙黄或者橙黄中微微泛红，都属于正常汤色，如果出现暗黄和茶汤浑浊，则是白茶茶汤不正常的表现。

3. 香气——毫香蜜韵

白茶的香气以"毫香、嫩香、清新、清鲜"为特征，白毫银针和高等级的白牡丹有明显的毫香和清甜香，通常用"毫香蜜韵"来描述好白茶的香气。白茶如果萎凋过度，会出现类似红茶的发酵气，萎凋不足或火功不够，则有青草气。

在萎凋过程中，低沸点的香气物质乙酸乙酯、正戊醇、异戊醇的含量在后期开始下降，在萎凋后期，酶的活性逐渐下降，多酚类的酶促氧化逐渐为非酶性的自动氧化所取代，氨基酸的积累开始增加，可溶性多酚类与氨基酸，以及氨基酸与糖的互相作用，形成和发展了白茶的香气，为白茶

白毫银针、白牡丹、寿眉的茶汤颜色对比

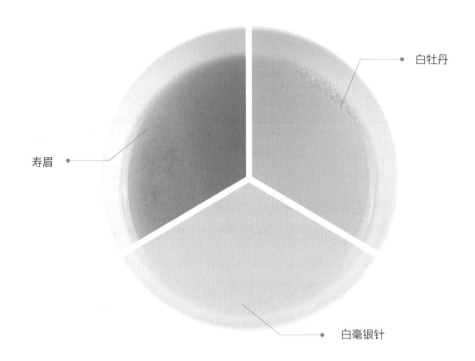

白牡丹

寿眉

白毫银针

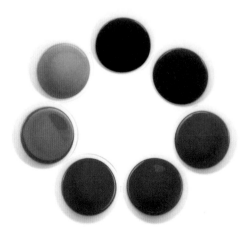

当白茶经过存放，茶汤的色泽会发生变化，汤色也会发生变化，其变化过程为：嫩黄明亮—浅黄—深黄—橙黄泛红—红艳明亮—琥珀色—深红油亮。

香气奠定基础。在烘焙过程去除了芽叶中多余的水分，使白茶干燥适度，适时制止酶促氧化。具有青气和苦涩味的物质在烘焙中进一步转化，如有青气的顺式青叶醇转化成具有清香的反式青叶醇，氨基酸也在热作用下氧化脱氨形成芳香醛。

4. 滋味——鲜爽甘甜

对于新接触白茶的茶客来说，最简单好掌握的评判方法：记住一个"甜"字就可以基本上把握一款白茶的基础品质。如果茶青不够优秀，或者走水的过程不到位，抑或干燥的过程有些欠缺，反映在茶的品饮上就是甘甜度出不来，茶汤会偏苦，会偏粗涩，这种涩是在舌面上化得相对比较慢的一种涩，甚至不会化掉，有一些还会有青气，茶汤单薄，水质粗糙，会出现香气和水分离的状况。因此感觉清鲜爽快，有甜味，毫味足为白茶最好品质；醇而甘厚，毫味不显次之；茶味淡而青草味重是白茶品质不好的表现。

白茶萎凋过程并不是鲜叶的单纯失水，而是在特定环境条件下，通过水分散失、叶细胞浓度改变、细胞膜透性增强以及各种酶激活从而引起白茶主要生化成分的一系列变化，包括茶多酚的氧化改善茶汤苦涩增进醇度；蛋白质的大量水解，生成具有鲜味和甜味的氨基酸；在萎凋过程中，淀粉可在淀粉酶的作用下水解形成双糖和单糖。但由于这些产物随着呼吸氧化而被进一步消耗，所以单糖和双糖的量可能不仅没有增加反而进一步减少。

直到萎凋的末期，由于鲜叶过度的失水而抑制了呼吸作用，此时多糖分解形成的单糖的量多于单糖的消耗量，糖量才有所增加。白茶萎凋末期，单糖和多糖的积累对白茶特有的甘甜味有重要作用。

白毫是构成白茶品质的重要因素之一，它不但赋予白茶优美的外形，也赋予白茶的毫香与毫味。白毫内含物丰富，白毫的氨基酸含量高于茶身。以福云系白茶为例，其白毫含量可达干茶重的10%以上。

不同产区的白茶，由于茶树的生长环境、品种、加工方式不同，滋味差别也非常大。白茶主要产地为福鼎和政和两地。福鼎栽种的主要是福鼎大毫茶，以日光萎凋为主，因此生产的白茶除了外形较为美观外，滋味鲜爽、甘甜，但是偏淡；政和的栽种主要是福安大白、政和大白，以室内萎凋为主，在萎凋后期，有的还采取堆放来促进滋味转变，政和白茶外形不如福鼎的显毫、鲜亮，但是花香显，滋味鲜爽，茶味更足。

5. 叶底——肥厚软亮

除了色香味形，我们还会通过观察冲泡过后剩下的叶底，来考察鲜叶质量及制作过程中存在的问题，这可以进一步验证我们在品鉴过程中存在的疑虑。白毫银针以叶底匀整、肥软，毫芽肥壮、色鲜明亮的为优，茶芽硬、颜色花杂的为次；白牡丹以叶底匀整、肥软，毫芽多且壮实，叶色鲜亮的为优，叶底硬、芽叶破损、颜色暗杂、焦叶红边的为次；贡眉、寿眉以叶底匀整、柔软、明亮，主脉呈红色，滋味醇爽，香气鲜纯为优，以叶底硬挺，花杂、颜色枯暗、红边为次。

解析白茶品质存在问题的原因

白茶的品质因为鲜叶采摘、运输、加工过程的不当，容易出现以下问题，我们了解了这些问题的原因，就可以在生产过程中加以避免，提高产品的质量。白茶常见的品质问题及产生的原因有以下几个方面：

① 红叶多或变黑。

芽叶因机械损伤容易变红；萎凋时芽叶摊放不当，出现重叠，则容易变黑。

② 黑霉现象。

黑霉多见于阴雨天，是由于萎凋时间过长，或低温长时堆放，干燥不及时等。

③ 色泽花杂、桔红。

在复式萎凋中处理不当，毛茶常出现色泽花杂、橘红等问题。

④ 毫色黄。

干燥温度偏高则易毫色黄。

⑤ 破张多，欠匀整。

干燥水分控制不当，干燥后装箱不及时关，操作时缺少轻取轻放的良好规范等都易造成破张多。

⑥ 色青绿，香味青。

温度转高、失水速度快、萎凋不足则易出现色青绿、青草气。

⑦ 叶态平展。

并筛不及时，或并筛时操作粗放则导致叶态平展。

⑧ 腊叶老梗。

腊叶老梗则多由于采摘粗放，夹带不合格的原料。

⑨ 毫香不足。

外观有毫但毫香不足，多见于烘温控制不当。

三、白茶的品质鉴赏

1. 白毫银针

- **白毫银针的主要产区：**福建的福鼎市、政和县
- **白毫银针的等级：**特级、一级、二级

白毫银针用福鼎大毫、福安大白、政和大白的肥大芽头制成，芽头满披白毫，色白如银，形状如针，因此亦称为银针白毫。白毫银针主要用春茶第一、二轮顶芽制成，到了三四轮，芽头较瘦小，有的采一芽二三叶的新梢，再抽取芽芯，这种采用"抽针"方式制成的白毫银针外观肥大，但欠重实。白毫银针按产地不同分为北路银针和南路银针两种。

北路银针产于福鼎。外形优美，芽头肥壮，茸毛厚密，富有光泽；香气清淡，汤色碧清，浅杏黄色，滋味清鲜爽口。

南路银针产于政和。芽瘦长，茸毛略薄，深绿隐翠；但香气芬芳，滋味鲜爽浓厚，内质较佳。

白毫银针

产　　地　福鼎

等　　级　特级

品　　种　福鼎大毫茶

采摘时间　清明节前

提供单位　福建品品香茶业有限公司

外　　形　茶芽肥壮重实，茸毛多且厚密，采摘茶树上新萌发的芽梢，因
　　　　　此带有鱼叶，茶芽银灰富有光泽

香　　气　甜醇，毫香显露

滋　　味　鲜爽、清甜、毫味足

汤　　色　浅杏黄，清澈明亮

叶　　底　肥厚、软嫩、明亮

白毫银针

产　　地　福鼎

等　　级　特级

品　　种　福鼎大白茶

采摘时间　清明节前

提　供　人　王成龙

外　　形　芽头肥壮，满披银毫，色泽银绿，匀齐

香　　气　甜花香、带毫香

汤　　色　嫩黄，亮

滋　　味　清甜、鲜爽

叶　　底　色泽嫩黄绿、芽头肥厚，匀齐

白毫银针

产　　地　政和

等　　级　特级

品　　种　政和大白茶

采摘时间　4月15日

提供单位　福建省政和云根茶业有限公司

外　　形　采下一芽一二叶，采回后再进行"抽针"，因此芽形匀整，灰
　　　　　绿隐毫

香　　气　清香，微带有青气

汤　　色　浅黄明亮

滋　　味　鲜爽，醇厚

叶　　底　芽较细长，肥厚较软，绿黄匀亮

白毫银针

产　　地　松溪

等　　级　特级

品　　种　福云595

采摘时间　清明节前

提　供　人　叶启唐

外　　形　采早春第一轮新萌发的单芽制成，芽头重实，略带有鱼叶，色
　　　　　泽嫩黄油润，白毫显露

香　　气　香鲜爽，有毫香与花香

汤　　色　浅绿黄，明亮

滋　　味　鲜爽，醇厚

叶　　底　绿黄匀亮，肥壮柔软

2. 白牡丹

- **白牡丹主要产区**：福建的福鼎市、政和县、建阳区
- **白牡丹等级**：高级、特级、一级、二级

白牡丹外形自然舒展，芽叶连枝，两叶抱芯，形似花朵。色泽灰绿，汤色橙黄、清澈明亮，叶底芽叶各半。高等级白牡丹以清明前后采的一芽一叶初展或者一芽二叶初展的细嫩芽叶制成。其他等级的白牡丹原料以一芽二叶为主，有的兼以一芽二叶嫩度适中的鲜叶制成。因产地、品种不同，白牡丹的品质也有差异。

福鼎白牡丹，在外形上，绿叶夹着银色的茶芽，成花朵状，叶态自然，叶张肥厚，叶背面遍布白毫，叶缘向叶背微卷，芽叶连枝，汤色杏黄明亮，叶底浅灰，滋味鲜醇。

政和白牡丹，以福安大白和政和大白为主，外形呈深灰绿色，芽和叶背披满银白色茸毛，具有芽肥壮、毫香鲜嫩的特色，汤色橙黄清澈，滋味清甜鲜醇，入口毫味重。

建阳水吉产的白牡丹用水仙茶树的芽叶制成。芽瘦长，毫不多，色泽呈墨绿色，但滋味鲜甜，具有花香。

白牡丹

产　　地　福鼎

等　　级　特级

品　　种　福鼎大毫茶

采摘时间　清明节前后

提供单位　福建品品香茶业有限公司

外　　形　芽叶连枝，叶缘垂卷匀整，毫心肥壮，叶背面多茸毛，呈灰且
　　　　　嫩黄色

香　　气　鲜嫩、毫香显

汤　　色　黄，清澈明亮

滋　　味　清甜，鲜爽，毫味足

叶　　底　芽多，叶张肥厚，软嫩明亮

白牡丹

产　　地　福鼎

等　　级　一级

品　　种　福鼎大白

采摘时间　清明节前后

提　供　人　王成龙

外　　形　朵形，芽头相对细长，叶片色泽深绿

香　　气　青花香、甜香

汤　　色　橙黄明亮

滋　　味　清甜，浓厚

叶　　底　柔嫩，嫩绿偏深

白牡丹

产　　地　政和

等　　级　一级

品　　种　福安大白

采摘时间　清明节后

提供单位　祥源茶业股份有限公司

外　　形　芽头较肥壮，显毫，芽叶成朵，叶片色泽翠绿，嫩茎相对较长

香　　气　甜香，带有花香

汤　　色　橙黄明亮

滋　　味　甜醇、浓厚

叶　　底　芽头较肥壮，色泽黄绿偏深，嫩茎相对较长

白牡丹（水仙白）

产　　地　建阳漳墩

等　　级　一级

品　　种　水仙

采摘时间　清明节前后

提供单位　祥源茶业股份有限公司

外　　形　朵形稍弯，芽叶显毫，呈暗绿色

香　　气　甜香，带有花香

汤　　色　橙黄明亮

滋　　味　甜醇、浓厚

叶　　底　黄绿、棕红相间，稍软，叶少茎多

3. 贡眉

传统贡眉是由菜茶鲜叶制成，菜茶属中小叶种，因此叶张小，毫心也小。现在，也会在白毫银针和白牡丹制作结束后，采摘一芽二三叶制作贡眉，毫香及鲜爽度不及白牡丹。高等级菜茶品种制成的贡眉在外形上微显银白，滋味清甜，带有花香，也颇具特色。

- 贡眉主要产区：福建的政和县、建阳区、福鼎市、松溪县、建瓯县
- 贡眉等级：出口贡眉分有一至四级

贡眉

产　　地	福鼎
等　　级	一级
品　　种	菜茶
采摘时间	4月15日
提供单位	北京林鸿茂茶业公司
外　　形	芽叶连枝，尚匀整，毫尖较显，叶张嫩，叶色灰绿
香　　气	鲜嫩、清香
汤　　色	橙黄明亮
滋　　味	清甜、醇厚鲜爽
叶　　底	有芽尖、嫩、明亮

4. 寿眉

寿眉用大白茶或菜茶的低等级鲜叶或者剥针后的叶片制成，芽心较小或者不带毫心，色泽灰绿稍黄；香气低，略带青气和粗老气；汤色杏黄或者橙黄；滋味清甜，缺厚度；叶底黄绿，叶脉带红。

- 寿眉主要产区：福建的建阳区、政和县、福鼎市、建瓯县、松溪县、蒲城县
- 寿眉等级：出口寿眉分有一至四级

寿眉

产　　地	政和澄源乡
品　　种	福安大白
采摘时间	谷雨前后
提供单位	祥源茶业股份有限公司
外　　形	叶态微卷，有芽尖，叶色灰绿夹红
香　　气	清甜、纯正
汤　　色	杏黄明亮
滋　　味	鲜甜，醇厚
叶　　底	较嫩，有红张

寿眉

产　　地　福鼎

品　　种　福鼎大毫

采摘时间　谷雨后

外　　形　叶态微卷，有芽尖、叶张较粗，有破张，叶色灰绿稍暗夹红，
　　　　　带有黄片

香　　气　尚纯，有清香

汤　　色　橙黄

滋　　味　浓厚

叶　　底　叶张粗，少嫩，有红张

　　在我们知道评判一杯好白茶的标准后，我们仍然需要知道，影响一杯
茶的品质的因素有很多，如茶叶的生产环境、茶树的品种、采摘时的天
气、鲜叶嫩度以及加工工艺等，如果是陈年白茶，则还要看存储的时间和
环境等。那么下一篇，我们会详细解析这些因素。

影响一杯白茶的品质的因素有哪些

一、产地

"好山好水出好茶。"茶叶作为农产品，与产地有着十分密切的关系，西湖的龙井、黄山的毛峰、云南的普洱等，这些耳熟能详的名茶，都是独特的地理环境和气候条件成就了它们优异的品质。白茶的主要产地是福建的福鼎市、政和县，建阳县、松溪县、建瓯县等也有。

在同一个产区，海拔、生态、土壤、茶园管理等因素都会对茶叶品质产生影响。白茶的优质原料主要来自政和、福鼎的高山区，这些产区不仅海拔高，而且生态环境也十分优越，为白茶的品质奠定了良好的基础。

1. 海拔

俗话说"高山云雾出好茶"。通常情况下，海拔高的茶品质会比海拔

低的好。最典型的是斯里兰卡红茶，直接以海拔的不同分类，分为高地茶（海拔在1200米以上）、中地茶（海拔在600-1200米）和低地茶（海拔在600米以下）三大类，斯里兰卡著名的红茶产区乌沃、努瓦勒埃利亚生产的茶都属于高地茶。

一般说来，海拔每升高100米，气温大致降低0.6摄氏度。现代科学分析表明，茶树新梢中茶多酚的含量随着海拔升高、气温降低而减少，海拔越高，茶叶的涩味越轻；而茶叶中氨基酸和芳香物质的含量却随着海拔升高、气温降低而增加，这就为茶叶滋味的鲜爽甘醇提供了物质基础。

高海拔茶园的茶叶内含物质会更加丰富。高山地区昼夜温差大，白天气温高，日照充足，茶树的光合能力强，合成物质多。夜晚气温较低，茶叶背面呼吸气孔关闭，茶树的呼吸随之放缓。由于呼吸消耗减少，茶树得以积累和贮存更多的营养物质，而使得高山茶内含物质更加丰富。

高山地区云雾多，太阳光质与茶叶品质有着密切的关系，红光利于茶多酚形成，而蓝紫光则促进氨基酸、蛋白质合成。在一些海拔高的山区，雨量充沛，云雾多，长波光受云雾阻挡，在云层被反射，以蓝紫光为主的

　一部泡在世界史中的香味传奇

短波光穿透力强，这也是高山茶氨基酸、叶绿素和含氮芳香物质多，茶多酚含量相对较低、涩味轻的主要原因。

另外高山地区多以腐质砂石土壤为主，土层深厚，酸度适宜。植被繁茂，枯枝落叶多，地面形成一层厚厚的覆盖物，这样不但土壤质地疏松，有机质和矿物质丰富，茶树在这种生态环境下，生长旺盛，芽叶肥壮，内含物丰富，加工而成的白茶自然香气足，滋味鲜爽。

2. 生态

茶园周边的生态，对茶叶品质的影响也十分显著，茶叶的味道会随着生长地的土壤、水、气候、光线的改变而发生变化。茶树原产于我国西南地区，在长期的进化过程中，茶树形成了喜温怕寒、喜光怕晒、喜酸怕碱、喜湿怕涝的习性。凡是在气候温和、雨量充沛、湿度较大、光照适中、土壤肥沃的地方采制的茶叶，品质都比较好。在福建白茶的产区，很多茶园周边的森林覆盖率高，这给茶树生长带来纯净的水源、湿润的空气等。

3. 栽培管理

现代茶园大多数良种化，管理也更加科学。通过人工管理，可以人为地为茶树生长提供更适合的条件，比如采取灌溉来防止干旱对茶叶生长的影响，通过施肥来提高茶叶的产量，但也会由于过度使用化肥和农药，影响到茶叶的品质。

这几年，有的地方开始发展有机茶种植，按照有机农业的要求，采用农家肥和生物防治的方式来防止病虫害，这种方式虽会影响到茶叶的产量，但是茶叶的品质会更好，而且经过有机农业组织认证后的茶叶销售价格也会更高，可以一定程度减少因为产量下降带来的损失，同时保护了茶树生长的自然环境，促进了茶叶产业的可持续发展。

在陆羽《茶经》茶之源中写到"野者上、园者次"。在白茶产区福建

● 福鼎太姥山的茶园

有不少多年没有管理野放的茶园，采摘这种茶园中的鲜叶做成的白茶，不仅香气浓郁，而且滋味也非常鲜爽。由于这些茶园栽种大多是当地的菜茶品种，制成的白茶，习惯上叫"小白"，白茶标准中称之为"贡眉"。这种荒废的茶园在福建白茶产区经常能见到，现在很多人把出自这些地方的茶叫做"荒野茶"。过去，福建山多地少，一些平地或者有水的地方大多用来种水稻等粮食作物，只有一些高山陡坡才会零星的种植茶叶，这些茶园大多采用种子播种，茶树的主根发达，能够吸收土壤深层营养物质，制成的茶叶内含物十分丰富。由于被抛荒的茶园，没有人工的干扰，不施化肥和农药，完全任其自然生长，制作出的白茶香气很足，有天然的花草香，很受资深茶友的喜爱。

二、品种

品种对茶叶品质十分关键。如武夷岩茶就有"香不过肉桂，醇不过水仙"的说法，肉桂和水仙这两种茶树品种，同样种植在武夷山茶区，以肉桂茶树鲜叶制成的岩茶香气非常浓郁，以水仙茶树鲜叶制成的岩茶茶汤会更加甜醇。茶树品种对白茶的品质影响也是一样的。由于白茶品质特征中芽叶显毫是一个重要的指标，高等级的白茶甚至要求成茶外表满披白毫。这就要求茶树品种嫩梢满披茸毛，而且芽叶肥壮，氨基酸含量高，酚氨比通常小于10（酚氨比是指以茶树一芽两叶的茶多酚与氨基酸总量的比值，可在相当程度上判定鲜叶的适制性。一般而言，制作绿茶的品种要求氨基酸含量高，酚氨比数值小于8。在8-15之间红绿兼制，白茶品种通常小于10，而制作红茶的品种要求茶多酚高，酚氨比数值通常大于15。如果用酚氨比较大的品种制作绿茶，往往滋味苦涩，反之用酚氨比小的品种制作红茶，则易滋味寡淡）。

传统上适合制作白茶的主要品种有福鼎大毫茶、福安大白茶、福鼎大白茶、政和大白茶、福建水仙及地方品种菜茶等。这些品种中，除了菜茶外，其他茶树的植株较高大，多为小乔木，中大叶种，芽叶肥厚，而且显毫。由于品种的不同，制作出来的白茶品质也会有差异。

1. 福鼎大毫茶

福鼎大毫茶原产于福鼎市点头镇汪家洋村，已有100多年的栽培历史，由于发芽早，芽叶肥壮，产量大，在福鼎广泛种植，是采制福鼎白茶的主要品种，约占福鼎白茶产量的70%以上。

福鼎大毫茶茶树植株高大，树姿较直立，主干明显，树高2.8米以上，树幅2.8米以上，分枝部位较高，分枝较密，枝条粗壮，为小乔木型大叶种。叶片水平或下垂状着生，叶形椭圆或近长椭圆，叶尖渐尖下垂，叶缘面卷，叶面略隆起，叶色浓绿具有光泽，锯齿深明而钝，侧脉较明显。

白茶品质特征

福鼎大毫茶色泽较绿，芽叶肥壮，满披白毫，色白如银，香清味醇，

● 采茶

是制"白毫银针"、"白牡丹"的高级原料。以春茶一芽二叶初展、福鼎大毫茶鲜叶自然萎凋制成的白茶在形态上，芽叶连枝，外形肥壮，叶态平伏伸展，叶缘垂卷，叶面有隆起，叶尖翘起；在色泽上，叶面翠绿、匀润，叶背有白茸毛，毫心银白；香气清爽鲜嫩、毫香显；汤色黄绿、清澈明亮。滋味鲜爽清甜、毫味重；叶底毫心肥壮，叶张软嫩，毫芽连枝，叶脉微红，叶色黄绿。

主要产地：福鼎

2. 福鼎大白茶

福鼎大白茶原产于福鼎县太姥山。据传说，距今100多年前，由柏柳乡竹头村陈焕把此茶移植家中，后繁育成功。由于福鼎大白茶的茶叶产量不如福鼎大毫茶，而且芽叶也不如福鼎大毫茶肥厚，福鼎茶农更喜欢种植福

● 福鼎大毫茶　● 福鼎大白茶　● 政和大白茶

● 福云6号　　　● 福云595　　　● 福建水仙　　　● 福安大白茶

鼎大毫茶。

福鼎大白茶茶树植株高大，树高1.5-2米，幅宽1.6-2米，树姿半开张，分枝较密。树皮灰色，为小乔木型，中叶种。叶片呈上斜状着生，叶呈椭圆形，叶色绿，叶面隆起，有光泽，叶身平，叶尖钝尖，叶齿锐，较密，叶质较厚软。

白茶品质特征

福鼎大白茶品质极佳，以茸毛多而洁白、色绿、汤鲜美为特色。以春茶一芽二叶初展、福鼎大白茶鲜叶自然萎凋制成的白茶在形态上，芽叶连枝，外形较肥壮，叶态平伏伸展，叶缘垂卷，叶面有龟甲纹隆起；在色泽上，叶面翠绿、匀润，叶背有白茸毛，毫心银白、亮；叶尖翘起；香气鲜嫩清爽、毫香显；汤色橙黄尚绿、清澈明亮。滋味鲜爽清甜、毫味重；叶底毫心较肥壮，叶张软嫩，毫芽连枝，叶脉微红，叶色黄绿。

主要产地：福鼎

3. 福安大白茶

福安大白茶原产福建省福安市康厝乡上高山村。主要分布在福建东部、北部茶区。因其发芽较当地的政和白茶早，而且适合制红茶，在政和广泛种植。茶树植株高大，树姿半开张，主干显，分枝较密，为小乔木型，大叶种。叶片呈稍上斜状着生。叶呈长椭圆形，叶色深绿，富光泽，叶面平，叶缘平，叶身内折，叶尖渐尖，叶齿较锐、浅密，叶质厚脆。

白茶品质特征

以福安大白茶鲜叶制白茶色稍暗，以芽肥壮、味清甜、香清、汤浓厚为特色，制白毫银针，则颜色鲜白带暗，全披白毫，香气清鲜，滋味清甜。以春茶一芽二叶初展、福安大白茶鲜叶自然萎凋制成的白茶在形态上，芽叶连枝，外形肥壮，叶态平伏伸展，叶缘垂卷，叶尖翘起；在色泽上，叶面灰绿、匀润稍暗，叶背有白茸毛，略暗，毫心银白稍暗；香气清爽鲜嫩、毫香显；汤色橙黄稍深、清澈明亮。滋味浓厚清甜鲜爽、毫味重；叶底毫心肥壮，叶张软嫩，毫芽连枝，叶脉微红，叶色黄绿稍深。

主要产地：政和、松溪

4. 政和大白茶

政和大白茶原产于政和县铁山高仓头山。政和大白茶是晚生种，茶树发芽要比福鼎大毫茶和福安大白茶晚10天以上，这几年在政和的种植面积在减少，但是以其鲜叶制作出来的白茶外形肥壮、香气清鲜，滋味鲜爽甘醇，因而是制成白毫银针、白牡丹的优质原料。

政和大白茶茶树植株高大，树高1.5-2米，幅宽1-1.5米。树姿直立，分枝少，节间长。嫩枝为红褐色，老枝为灰白色，为小乔木型，大叶种。叶片呈水平状着生，叶形椭圆，叶色深绿，富光泽，叶面隆起，叶质较厚。

白茶品质特征

以政和大白茶鲜叶所制白茶色稍黄，以芽肥壮、味鲜、香清、汤厚为特色，所制白毫银针，颜色鲜白带黄，全披白毫，香气清鲜，滋味清甜。以春茶一芽二叶初展、政和大白茶鲜叶自然萎凋制成的白茶在形态上，芽叶连枝，外形极肥壮，叶态平伏伸展，叶缘垂卷，叶尖翘起；在色泽上，叶面灰绿、匀润，叶背有白茸毛，银灰白色，毫心银白稍灰暗；香气清爽鲜嫩、毫香显；汤色橙黄稍深、清澈明亮。滋味浓厚、鲜爽清甜、毫味重；叶底毫心肥壮，叶张软嫩，毫芽连枝，叶脉微红，叶色黄绿。

主要产地：政和、松溪

5.福建水仙

福建水仙原产于福建建阳市小湖镇大湖村，栽培历史有100多年。主要种植在福建的闽北和闽南茶区，广东的饶平也有种植。水仙茶鲜叶现在主要用来制作乌龙茶。历史上，水仙茶品种被发现后，其鲜叶曾经在建阳的水吉一带被大量用来加工白茶，因其芽肥壮、香浓郁、味醇厚而受欢迎。但是因为制成的白茶外形不好看，大多被拼配到其他白茶中，以提高香气和滋味。目前还在少量生产。

福建水仙树势高大，自然生长可以达到5-6米，树姿半开张，主干较明显，分枝较疏，节间长1.8-3.5厘米。嫩枝为红褐色，老枝为灰白色，为小乔木型，大叶种。叶片呈水平状着生，叶形呈椭圆形或长椭圆形，叶色深绿，富光泽，叶面平，叶缘平稍成波状，叶尖渐尖，叶质厚，硬脆。

白茶品质特征

福建水仙茶芽叶连枝，叶态平伏伸展，叶缘垂卷；外形极肥壮，叶尖翘起；色泽为叶面暗绿，匀润；叶背有黄白茸毛，毫心银白稍暗；香气鲜嫩清爽、毫香显，略带水仙茶特有的兰花香；汤色橙黄、清澈。滋味浓厚、鲜爽清甜、毫味重；叶底毫心多而肥壮，叶张软嫩，毫芽连枝，叶脉微红，叶色黄绿。

主要产地：建阳

6.菜茶

菜茶是指用种子繁育的茶树群体种，栽培历史约有1000余年，由于长期用种子繁殖与自然变异的结果，性状混杂。用来制作白茶的菜茶品种主要是武夷菜茶，在闽北和闽东白茶主要产区都有种植。用菜茶加工白茶大

● 菜茶

多为贡眉级别，现在也有用细嫩的芽叶做成牡丹级别，但是菜茶的芽头较细小，制成白茶后，形似白眉，俗称"小白"。

武夷菜茶以灌木型为主，植株中等，树姿半开张或开张，分枝较密，叶片呈水平或稍上斜状着生。枝皮粗糙，呈暗灰色。叶长椭圆，叶色绿或深绿，叶面隆或微隆起，叶缘平或微波，叶身平或稍内折，叶尖钝尖或渐尖，叶齿较锐、深密，叶质较厚脆。芽叶淡绿或紫绿色，茸毛较少。

白茶品质特征

形态呈现芽叶连枝，外形稍小，叶态平伏伸展，叶缘垂卷，叶面有龟甲纹隆起；色泽为叶面翠绿匀润，叶背青绿，有茸毛，毫尚显，毫心银白；香气鲜嫩清爽，有毫香；汤色为明黄带绿、清澈明亮；滋味清甜醇爽，毫味显；叶底毫心多稍瘦，叶张软嫩，色泽灰绿匀亮。

主要产地：建阳、政和、福鼎

另外，由于白茶在国内兴起，福建一些茶区也开始尝试用乌龙茶和一些新品种来加工白茶，用乌龙茶加工出来的白茶，香气高，滋味浓厚。在新品种中，以福云595制成白茶，虽然茶芽偏小，茸毛不够浓密，但是花香很显，而且滋味浓厚，回甘也很好。在广东，有茶厂尝试用白毛茶和英红9号制成白茶，也很有特色。在云南景谷有茶厂用云南大白茶，按照白茶的加工工艺生产白茶，叫"月光白"，有浓郁的蜜香与毫香。

三、采摘

　　"早采一天是宝，晚采一天是草"，这句谚语是说茶叶采摘对时间的要求。茶叶的采摘时间受产地、品种等的影响。白茶的采摘在清明前后，福鼎的开采时间要比政和早，在同一个区域，福鼎大毫茶、福鼎大白茶的开采要早于福安大白茶，福安大白茶要早于政和大白茶。按照所做的产品品质的要求，制白毫银针的鲜叶采摘时间要早于制白牡丹、贡眉和寿眉的。

　　张天福先生在《福建白茶的调查研究》中总结道："春茶可采到5月小满，产量约占全年总产量的50%。夏季采自6月芒种到7月小暑，产量约占25%。秋茶采自7月。春茶为最佳，叶质柔软，芽心肥壮，茸毛洁白，茶身沉重，汤水浓厚、爽口，所以在春茶中高级茶（特、一、二级）所占的比重大。夏茶芽心瘦小，叶质带硬，茶身轻飘，汤水淡薄或稍带青涩。秋茶品质则介于春、夏茶之间。"秋天气候秋高气爽，很适合晾晒白茶，制作的茶叶品质优良。高山茶区气温温差大，紫外线较强，漫射光多，生产的白茶香气高，滋味浓厚。

　　白茶的采摘还要看气候条件。白茶加工关键工序是萎凋，因此采摘要选择晴天，尤以北风天最佳，北风是从内地大陆吹来，空气干燥，如果太阳大、气温高，茶青在萎凋过程中失水容易控制，可以制出好的白茶。如果是遇到南风天就会差一些，太阳虽大，气温虽高，但从南边海上吹来的风湿度较大，茶青干燥较慢，生产的白茶容易出现芽绿、梗黑的情况。如果是雨天和大雾天，则均不宜采制。因此，过去白茶的生产受到天气条件、加工场地面积等条件制约，制优率不高，大家不愿意生产。现在采用了室内加温来进行萎凋，有的可以在室内模拟太阳光，甚至通过控温控湿来进行萎凋，避免了天气变化对加工的影响。但市场上还是更认同自然条件下萎凋的白茶。

白茶的采摘还要看对原料等级的要求。采制银针以春茶的头一、二轮茶的品质最好，其顶芽肥壮，毫心特大。到三、四轮后多系侧芽，芽较小，到夏秋季节，茶芽更瘦小，难制高级茶。

采制白毫银针，其原料主要以福鼎大毫、福鼎大白、福安大白和政和大白茶品种为主。采时，只在新梢上采下肥壮的单芽，在头轮采的茶芽往往带有"鱼叶"，芽头饱满而且重实，制成白毫银针品质最优。也有的采下一芽一、二叶，采回后再行"抽针"。即以左手拇指和食指轻捏茶身，用右手拇指和食指把叶片向后拗断剥下，把芽与叶分开，芽制白毫银针，叶拼入白牡丹原料。

采制白牡丹的要求也十分严格，高级白牡丹一般是采大白茶品种一芽一叶初展及一芽二叶初展的细嫩芽叶，也有采摘菜茶和水仙品种的细嫩原料制成。高级白牡丹的原料要求采得早，采得嫩，一般在清明前后开采。大多数的白牡丹要求原料嫩度适中，以一芽二叶为主，有的甚至是一芽三叶。原料过于细嫩，质量好，但产量会降低，采工效率也不高，但如果采的太粗老，成茶的色香味形都会受到影响。

贡眉原料以菜茶品种为主，采一芽二叶和一芽三叶制成。菜茶的芽虽小，但也要求有嫩芽才符合产品的规格，所以对夹叶都不适用。在贡眉中另单独列有寿眉花色，其品质在贡眉三、四级之间，但在精制时有拼入一部分制大白茶的粗片原料。寿眉在1953-1954年尚有制造，之后停制，至1959年外销市场又有需要乃恢复寿眉的制造。现在，市场上寿眉的产量最大，而且大多压制成饼茶。

四、萎凋

　　萎凋是白茶加工的"灵魂"，萎凋质量的好坏，直接决定白茶成茶的品质。萎凋一般是在一定温度、湿度和通风等情况下，伴随叶片水分蒸发和呼吸作用，叶片内含物发生缓慢水解氧化的过程。在此过程中，茶叶挥发青气，增进茶香，发出甜醇的"萎凋香"，这对白茶的品质起着重要的作用。萎凋方式主要有日光萎凋、室内自然萎凋、加温萎凋和复式萎凋。

1. 日光萎凋

　　如果天气晴朗，福鼎白茶大多采取日光萎凋。萎凋时，茶芽均匀地薄摊于篾箅或水筛上。篾箅，是一种长方形的竹编工具，长2.2-2.4米，宽70-80厘米，利用0.2-0.3厘米宽的篾条编制而成，箅上有缝隙没有孔洞。这种结构最适合白茶萎凋，茶的上下面都有空气流通，做出的白茶质量就有保证。水筛，是一种具有大孔眼的大竹筛，径约100厘米，每孔约为0.5厘米见方，蔑条宽1厘米左右。茶芽摊放勿重叠，因为重叠的部分会变黑，摊好后放在架上，置于日光下进行自然萎凋，不要用手翻动以免茶芽受机械损伤变红，或破坏芽茶上的茸毛；也不可放在地下，以免妨碍空气流通，使萎凋时间延长。萎凋总历时48-72小时不等，制茶师根据经验，观察气候、茶叶走水情况、茶色变化、茶叶的干度等，进行调节。

2. 室内自然萎凋

　　政和白茶产区采用室内自然萎凋的较多。萎凋室要求四面通风，无日光直射，并要防止雨雾侵入，场所必须清洁卫生，且能控制温湿度。春茶室温要求为20-30℃，通常以25℃上下为宜，相对湿度为55%-70%。夏秋室温控制在30-32℃，相对湿度在60%-75%。室内自然萎凋历时52-60小时。雨天采用室内自然萎凋历时不得超过3天，否则芽叶发霉变黑；在晴朗干燥的天气萎

● 制作白茶时的日光萎凋场景，摄影作者陈兴华（福鼎茶办供图）

凋历时不得少于2天，否则成茶有青气，滋味带涩，品质不佳。由于自然萎凋所需时间较长，占用厂房面积大，所需设备较多，并受自然气候条件的影响，不适于大量生产，应用范围受限。

开筛

鲜叶进厂后要求老嫩严格分开，及时分别萎凋。白茶萎凋时把鲜叶摊放在水筛上，俗称"开筛"或者"开青"。开筛方法：叶子放在水筛上后，两手持水筛边缘转动，使叶均匀散开，开筛技术好的一筛即成，且摊叶均匀，其动作要求迅速、轻快，切勿反复筛摇，防止茶叶机械损伤。

由于开筛的技术要求高，也可以用手将鲜叶抖撒在水筛上或者竹帘上，但动作要轻柔。每筛摊叶量，春茶为0.8公斤左右，夏秋茶为0.5公斤左右。摊好叶子后，将水筛置于萎凋室晾青架上，不可翻动。

并筛

在室内自然萎凋过程中，要进行一次"并筛"，也叫"修衣"，主要目的是促进叶缘垂卷，使水分均匀，减缓失水速度，促进转色。"并筛"的时间一般是：白茶萎凋时间为35-45小时，萎凋至七八成时，叶片不贴筛，芽毫色发白，叶色由浅绿转为灰绿色或深绿，叶缘略重卷，芽叶与嫩梗呈"翘尾"，叶态如船底状，嗅之无青气，即可进行"并筛"。小白茶为八成干时

● 开青

● 白茶萎凋过程–鲜叶　　● 白茶萎凋过程–12小时　　● 白茶萎凋过程–18小时

● 白茶萎凋过程–24小时　　● 白茶萎凋过程–36小时　　● 白茶萎凋过程–48小时

拍摄人 贾留华

两筛并一筛。大白茶并筛一般分二次进行，七成干时两筛并一筛，待八成干时，再两筛并一筛。并筛后，把萎凋叶堆成厚度10-15厘米的凹状。

堆放

中低级白茶则采用"堆放"，也叫"渥堆"，闽北低等级白茶通常会采用这种方式。堆放时应掌握萎凋叶含水量与堆放厚度，萎凋叶含水量不低于20％，否则不能"转色"。堆放厚度视含水量多少而定：含水量在30％左右，堆放厚度为10厘米；含水量在25％左右，堆放厚度为20-30厘米。并筛后仍放置于晾青架上，继续进行萎凋。一般并筛后12-14小时，梗脉水分大为减少，叶片微软，叶色转为灰绿，达九成五干时，就可下筛拣剔。

采摘

开筛

开筛（摊针）

日光萎凋

室内萎凋

并筛

烘干

● 白茶制作工艺

拣剔

拣剔时动作要轻，防止芽叶断碎。毛茶等级愈高，对拣剔的要求愈严格。制高级白牡丹时应拣去蜡叶、黄片、红张、粗老叶和杂物；制一级白牡丹时应剔除蜡叶、红张、梗片和杂物；制二级白牡丹时只剔除红张和杂物；制三级白牡丹时仅拣去梗片和杂物；制低等级白茶时拣去非茶类夹杂物。

3. 加温萎凋

春茶期如遇阴雨连绵，必须采用加温萎凋，可采用管道加温或萎凋槽加温萎凋。

管道加温萎凋

管道加温是在专门的"白茶管道萎凋室"内进行。白茶热风萎凋由加温炉灶、排气设备、萎凋帘、萎凋鲜架等四部分组成。萎凋室外设热风发生炉，热空气通过管道均匀地散发到室内，使萎凋室温度上升。一般萎凋房面积为300平米，可搭架排放萎凋帘1200个。萎凋帘由竹篾编成，长2.5米，宽0.8米，每个萎凋帘可放茶青1.8-2公斤。萎凋房前后各安装2台排气扇，以确保热风萎凋房通风排气状况良好，特别要注意的是进风与排气都是在近地面处。

室内温度控制在29-35℃，相对湿度为65%-75%。萎凋室切忌高温密闭，以免嫩芽和叶缘失水过快，梗脉水分补充不上，叶内理化变化不足，芽叶干枯变红。一般热风萎凋历时18-24小时，采用连续加温方式萎凋，温度由低到高，再由高到低，即开始加温1-6小时内室内温度控制在29-31℃，加温7-12小时室内温度控制在32-35℃，加温13-18小时室内温度控制在30-32℃，加温18-24小时室内温度控制在29-30℃。当萎凋叶含水量在16%-20%，叶片不贴筛，茶叶毫色发白，叶色由浅绿转为深绿，芽尖与嫩梗显翘尾。叶缘略带垂卷，叶色呈波纹状，青气消失、茶香显露时，即可结束白茶萎凋。

热风萎凋不但可以解决白茶雨天萎凋的困难，而且可以缩短萎凋时间，充分利用萎凋设备，提高生产效率。但由于白茶萎凋时间偏短，内含物化学变化尚未完成，为了弥补这一不足，对白茶萎凋叶还要进行一定时间的堆积后熟处理。具体做法是：将萎凋叶装入篓中，蓬松堆积，堆积厚度约为25-35厘米，堆中温度控制在22-25℃，堆中温度不能过高，以免因温度过高而使萎凋叶变红，若茶叶含水量过低则要增加堆高度，或装入布袋中，或装入竹筐。堆积后熟处理，历时2-5小时，有的甚至达几天，待到萎凋叶嫩梗和叶主脉变为浅红棕色，叶片色泽由碧绿转为暗绿或灰绿，青臭气散失，茶叶清香显露时即可进行干燥，固定品质。干燥温度掌握在100-105℃，摊叶厚度为3-4厘米，时间为8-10分钟。

萎凋槽萎凋

萎凋槽萎凋方法与工夫红茶相同，但温度低些，大约在30℃，摊叶厚度也要薄些，通常在20-25厘米，全程历时12-16小时。萎凋后仍然上架继续摊晾萎凋。

4. 复式萎凋

春季遇有晴天，可采用白茶复式萎凋法，所谓的复式萎凋就是将日光萎凋与室内自然萎凋相结合，一般"大白"与"水仙白"在春茶谷雨前后采用此法，对加速水分蒸发和提高茶汤醇度有一定作用。复式萎凋全程进行2-4次，日照历时1-2小时。

其方法是选择早晨和傍晚阳光微弱时将鲜叶置于阳光下轻晒，日照次数和每次日照时间的长短应以温湿度的高低而定，一般春茶初期，在室外温度25℃，相对湿度63%的条件下，每次晒25-30分钟，晒至叶片微热时移入萎凋室内萎凋，待叶温下降后再进行日照，如此反复2-4次。春茶中期，在室外温度30℃，相对湿度57%的条件下，日照时间以15-20分钟为宜；春茶后期，在室外温度30℃的条件下，日照时间以10-15分钟为宜，夏季因气温高，阳光强烈，不宜采用复式萎凋。

五、干燥

白茶的干燥可以用焙笼来烘焙，也可以用烘干机来干燥。

焙笼烘焙是传统的白茶干燥法，主要用于自然萎凋和复式萎凋的白茶生产，分一次烘焙和两次烘焙两种方式，当萎凋叶达到九成干的时候，采取一次烘焙，每焙笼1-1.5公斤，温度掌握在70-80℃，烘焙时间为15-20分

● 焙笼

钟。萎凋叶达七八成干的时候，采取两次烘焙，初焙用明火，温度在100℃左右，每笼的摊叶量在0.75-1.0公斤，历时10-15分钟，干度达到八九成干时摊晾，0.5-1小时后重新进行复焙。复焙用暗火，温度在80℃，历时10-15分钟，烘至足干。烘焙过程中，需要数次翻拌。

现在大批量的生产，更多是采用烘干机烘焙，萎凋叶达九成干的时候，烘干机的风温掌握在70-80℃，摊叶的厚度为4厘米，历时20分钟左右，一次烘焙就可以了。干度达到六七成干的时候分两次烘焙。初焙风温在90-100℃，摊叶厚度为4厘米，历时10分钟左右进行摊晾0.5-1小时，之后进行复焙，复焙风温80-90℃，摊叶厚度为4厘米，历时20分钟至足干。

另外，加工的白茶直到2000年以前，基本都只有散茶。白茶饼这种形式是在2006年以后才大行其道的，到现在已占据了白茶市场的大半江山，成为一支新兴力量。那么这一个白茶饼里，究竟隐藏了多少奥秘？又如何解读这其中的种种信息密码呢？请看下一篇。

你可知白茶饼里的奥秘
有多少

根据福建省茶叶进出口公司编撰的《白茶经营史录》记载："白茶自问世以来，在20世纪50年代前生产过水仙白茶饼，但市场上仍大多以散茶形式流通。"

2000年以后，受普洱茶行业的影响，白茶开始压成饼，其量逐年增加，成为目前国内白茶的主流产品。不过，过去压饼主要是因为运输不便，现在运输已经不是问题，把白茶压成饼，还会影响白茶饮用的便利性。但随着白茶"一年茶、三年药、七年宝"的说法流传开来，民间存白茶的人数也在不断增加，白茶压成饼，相对于散茶来说，可以减轻库存的

● 微压砖茶

压力。毕竟一百斤的寿眉要是压成饼只有一百多片，两箱多即可，要是散茶装成箱，有六大箱之多。另外还有利于存储若干年后鉴别真伪，包括年份、品质、品牌等。

对白茶压成饼，也有人持不同观点，认为这会影响了白茶的品质和风味。因为白茶散茶能较好保持白茶的自然状态，而在压饼过程中，要先用蒸汽将茶叶蒸软，再放进石制模具里，压制成饼，经烘干后包装而成。整个蒸压的过程，势必对茶叶的形状和内含物产生影响。但这种影响对于大多数消费者来说并不明显，而通过压饼加速了白茶的陈化，滋味变得更加甜醇，反而有许多白茶爱好者喜欢。饼茶是紧压白茶的代表品种，还有砖茶、巧克力茶、月饼茶等形状。2015年第22号国家标准批准发布《紧压白茶》，为紧压白茶的发展奠定了基础。

但是不是所有的白茶都适合压成饼呢？白毫银针和高等级的白牡丹，优美的外形是它们重要的品质特征之一，压饼会导致白毫部分脱落，品饮时容易撬碎芽叶等问题，影响到品饮价值，所以白毫银针和高等级白牡丹较少压制成饼茶。适合压制成饼的白茶以贡眉、寿眉为主，也有些等级低一点的白牡丹。在压制过程中，有的厂家为了提高品质，会把原料先存放两三年，待茶性相对稳定，压制的白茶滋味更醇厚，另外低等级的寿眉存

● 压好的白茶饼

放后会更容易压制。

　　由于白茶的压饼工艺不是很成熟，很多饼茶会出现这样或那样的问题，比如，有的茶饼压得太实，不利于后期转变，有的甚至有"焦心"，有些人会把"焦心"这种现象和存储不当的霉变相混，其实这种现象出现的主要原因是茶饼压得太实，没有及时烘干饼心，以至于出现了"碳化"现象，这样的茶可以饮用，但是茶饼内外的口感差异比较大。

高山寿眉

产　　　　　地	政和
原 料 等 级	二级白牡丹
品　　　　种	福安大白茶
首次上市年份	2015
提 供 单 位	祥源茶业股份有限公司

　　高山寿眉，精选福建省政和海拔900-1200米的高山生态茶园春茶鲜叶为原料，精心压制而成。香气清甜，汤色嫩黄明亮，滋味清甜鲜爽，并且浓厚持久。是政和高山白茶的代表产品。

老树白茶

产　　　　地	福鼎、政和
原 料 等 级	寿眉
品　　　　种	福鼎大毫、政和大白
首次上市年份	2013
提 供 单 位	福建茶叶进出口有限责任公司

　　老树白茶精选自植于20世纪五六十年代白茶原产地高山地区的福鼎大毫、政和大白及菜茶品种老树茶，采用传统白茶工艺，结合公司的拼配技术制作而成。香气纯爽，滋味甘甜。

晒白金（1341）

产　　　　地	福鼎
原 料 等 级	寿眉
品　　　　种	福鼎大白、福鼎大毫
首次上市年份	2013
提 供 单 位	福建品品香茶业有限公司

　　晒白金为系列年份紧压白茶，采用编号的形式来标注生产的年份、等级及产地。该款茶编码为1341，是2013年生产，贯岭文洋寿眉，干茶色泽黄褐，含银白毫心，枣香明显，汤色呈深琥珀色，滋味醇厚、顺滑、甘甜。

兰芷（猴年）

产　　　　地　福鼎

原 料 等 级　寿眉，拼少量的白牡丹

品　　　　种　福鼎大白、福鼎大毫

首次上市年份　2016

提 供 单 位　福建天湖茶业有限公司

　　兰芷是年份白茶压制而成的，以生肖作为生产年份的标志。猴年兰芷是选用2013年的寿眉，拼少量当年的白牡丹，于2016年压制的。香气醇厚细腻，汤色橙黄明亮，滋味香甜温润。

水仙白茶

产　　　　地　建阳

原 料 等 级　白牡丹

品　　　　种　福建水仙

首次上市年份　2016

提 供 单 位　祥源茶业股份有限公司

　　水仙白茶选取福建水仙茶原产地建阳水吉的鲜叶为原料，采用传统工艺精心制作而成。成品银毫显露，有浓郁花果香气，口感细腻甘润，滋味浓厚，极耐冲泡，为白茶佳品。水仙白过去常用来拼配，以提高香气和滋味，很少独立做成商品，因此市场上水仙白很少见。

小白茶

产　　　　　地	福鼎
原 料 等 级	白牡丹
品　　　　　种	菜茶
首次上市年份	2016
提 供 单 位	祥源茶业股份有限公司

　　小白茶以福鼎管阳高山春茶鲜叶为原料，精心压制而成。小白茶树品种被称为菜茶或是土茶，是当地的有性群体种，靠种子繁殖。小白茶生长环境相对原始，多散种于高山山林之间，因采摘、管理难度大，一般春季采摘一季后就继续抛荒，不进行人工管理，任其自然生长，所以成茶独具山野气韵。用料纯正，成茶有独特金银花香，浓郁持久，滋味醇厚鲜爽，回味清甜，独显山野气韵。自然清爽，野韵十足，极具特色。

　　白茶压饼在市场到处可见，几乎所有的白茶厂家都生产白茶饼，在这里不能一一列举。白茶饼压制以后，虽然品饮时略有不便，但有利于存储，而且也会形成独特的品质风格，在市场上得到不少消费者的认可，因此也可能像普洱茶一样逐步地普及开来。

荒野白

产　　　　地　福鼎、政和、建阳、福安等多产地拼配

原 料 等 级　贡眉

品　　　种　菜茶

首次上市年份　2018

提 供 单 位　祥源茶业股份有限公司

　　祥源荒野白原料精选福建福鼎、政和、建阳、福安等产区，海拔高度600-700米之间生态放养茶园，茶树平均年龄25年以上，不施农药和化肥，人工干预极少，生长环境接近原生态，植被丰富，茶树休养时间充裕，鲜叶内含物质更加丰富，制成白茶具有独特的山场香气，口感尤为清冽，弥漫着花香和青草香。由于采用多产地拼配，滋味更加协调。该产品首次采用微压技术，不仅保持了芽叶完整，而且还便于取茶，微压还使得茶中留有空隙，利于后期的转化，是一款最大程度保持白茶特性的紧压白茶。

福鼎旅行小贴士：

　　想要在福鼎获得不一样的寻茶感受，对茶园和日光的关系就要比他人更清楚，所以我们特别勾勒了一条能让读者全方面了解福鼎白茶的线路，从它的发源地柏柳开始，到它生长壮大的太姥山、磻溪、点头等重要基地，再循着这个海滨城市的和风，自山海之间的禅茶故事，到人事春秋的茶商故里，在你路过的同时，自然就有了对这方白茶祖庭的印象。

● 春天的白茶园

第二章

寻找・茶中故旧

①

翠郊古民居内外的
吴氏悲欢

世味年来薄似纱，谁令骑马客京华。

小楼一夜听春雨，深巷明朝卖杏花。

矮纸斜行闲作草，晴窗细乳戏分茶。

素衣莫起风尘叹，犹及清明可到家。

——陆游《临安春雨初霁》

春天细雨霏霏，依旧是八百年前的诗人走过时看到的那片青山碧水，而多少年来被反复回味的一盏春茶，也还在瓷盏中微漾。不过时光也到底不一样了，不再像当年浙江人陆游辗转于福建、江西两省，做了两任提举常平茶盐公事（宋代职官名，仅在北宋末、南宋初短期存在，主管常平、茶、盐三司事务）时的苍凉和无奈，一种盎然的春意，正在飘散着白茶清香的空气里弥漫开来。

2016年4月，距离福鼎白茶开茶节过去了半个多月后，我们一行人细嗅微风，在闽东山区的道路上缓缓而行。一路也是为茶园停停走走，直到走进距市区40公里的福鼎白琳翠郊村，看见一幢古色古香的古民居，这时给我们做向导的当地民俗专家才跳下车，并向我们招手："吴家大宅到了，估计这是你们可以在福鼎甚至整个闽东看到的最大规模的江南古民居建筑之一。"

吴家宅院之大确实超乎期待：这是一座建于清乾隆十年（1745年）、占地20亩、由北方封闭的四合院与南方开放的庭院相结合的古厝；园中虚实结合，漏窗借景，既巧妙引入江南园林建筑的手法，又融入了闽东茶乡的生活和文化气息。

吴氏古厝的建筑风格是有由来的：大约在两百多年前，一支从江苏无锡迁徙来的吴氏家族，在族长应卯公的带领下，沿浙江泰顺、福建霞浦一路行来，最后定居在福鼎翠郊这片满目绿意的山水中，在此繁衍生息。而这个家族带来的江南农耕文明与闽越文化碰撞交织后产生的茶叶文明也在这块土地上结出了硕果——吴氏先祖很快就掌握了这里高山茶树的种植技术，后来自创一套加工工艺。据《吴氏宗谱》记载，这位"应卯公"（他自认是吴王夫差第104代孙）年轻时因为经营雨伞生意发家，之后就买田收租当地主（其产业主要集中在现在的福安、福鼎、霞浦三地），最后才改行做起茶叶生意，最兴旺时，其茶庄甚至开到北京城，成为福鼎富甲一方的巨贾。

"你们从房子看风水，看它前面有两座大山，有如两条臂膀互相环抱，这在风水上称为'左青龙右白虎'，前面是笔架山，象征重重高，飞黄腾达。再加上山下的小溪，使得宅第周围依山傍水，而整个宅院的视野也很开阔，这是一种风水极佳的格局。"陪同的民俗专家告诉我们，当年吴家主人吴应卯用了四年时间，选过三个地方后才决定在这里建宅的。

他通过经营茶叶生意富甲一方后，按年龄大小分别给字号为元、亨、利、贞的四个儿子选择点头连山（名曰双峰拱翠）、乍洋凤岐（柘荣县辖区内，名曰凤岐聚秀）、磻溪洋边（光绪年间焚毁）和白琳翠郊（名曰岳海钟祥）四个地方修建了四座豪宅。而吴家的四大古厝，除磻溪洋边古厝在清光绪年间毁于大火外，其余三座均保存完好，呈"之"字形分布。其中，白琳翠郊的这座古厝是单体建筑面积最大也是现今保存最完好的，整个宅院耗资64万两白银，相当于现在的2亿元人民币。它在2005年就被正式列入福建省文物保护单位，被称为"中国古建筑瑰宝"。

翠郊吴氏古厝建筑面积约5000平方米，由360根木柱支撑而起，由3个三进合院并列而成，共围出24个天井、6个大厅、12个小厅和192个房间。而这192个房间，光窗户就有1000多扇（虚实结合的双层推拉窗，内为紧闭的实窗，外为虚的漏窗）。据说当年吴家有一个丫鬟专门负责每天开关这座大宅的窗户。还有一个故事是，根据当地建宅风俗，须按时辰立柱上梁，同时立起360根木柱，至少需要1000位帮工。所以当年，在良辰吉日到来前，吴家特意从温州等地请来戏班子，并放出风声：凡在房子落成之前

●吴家大厝气派的门头

来看戏的人，主人均免费提供食宿。于是，附近村庄的人聚集到一起，在看戏之余，合力将这宅子里所有的柱子在同一时刻立了起来。

翠郊大宅是吴应卯当年给其四子"贞"修的宅院。而建此宅前，做茶叶生意一直顺风顺水的吴家无人做官，是地地道道的庶民。可他们却大胆建了这座建筑主体仿造皇家"三合回笼"、"中脊四放"模式，大门八字开属官府衙门风格的大宅，与他们的平民身份不符，因此被人告发。最后还是吴家用银子捐了个七品官才应对了这场风波。但这之后，吴家后人还是没有走仕途，继续以经商为主。

走进白底黑字、写着"海岳钟祥"的古厝大门，只见整个宅院以木质结构为主，不上油彩，而是用木雕装饰整座宅院（宅子里几乎没有重样的

● 对联记录了吴家主人和大学士刘墉有过一段交往

雕花，造价昂贵）。我们一进门就先见到一座太子亭，亭上藻井为八卦形，象征有井就有水，中间雕有24只蝙蝠，表示一年24个节气都有福气相随。四周防火墙里立的是用海盐处理过的竹子（不会腐烂），一可起到钢筋的作用，加固墙身（南方福建多台风，以前没有钢筋就拿竹子来支撑墙体）；二是防盗，小偷撬开外墙砖块，非得将中间的竹子锯断取出，才可破坏到里面的砖块，而这样就会发出响声。

　　整座宅院由24个天井的出水口相连、地下排水道相通，整个宅院的地下水可以说前后左右都是通的。后院的厨房边有两口风水井，叫阴阳井，其中阳井的水是拿来煮饭、泡茶、做豆腐的。井水甘甜，到现在也可以喝，打完水以后过一会儿，井水又会回到原来的高度，是一处取之不尽用之不竭的地下活水源。

装饰院子天井边缘的12条石条都是三合土，尺寸均是长5.7米、宽37厘米、厚14厘米，都是当年从浙江泰顺用人工拉过来的。院子里还有很多数字都和三有关，这是因为按照中国道家的说法"道生一，一生二，二生三，三生万物"，世间的一切不论如何演化，其中都存有最原始的"道"。这种"道"是指在我们已经获得的认知之中以及其外最客观的自然规律，是一切事物存在以及演变运行的根本。

整座古厝共有8条楼梯可以上下，两侧各有3条，后院2条。整个二层横纵相连，所以从任何一条楼梯上去，都能够绕楼一圈。在二进中厅楼上正对三进主大厅上方的那扇花窗，是整个宅院唯一被固定了的开不了的窗户，也是当年吴家小姐相亲专用的花窗。据说只要有媒人带着求亲的公子坐在大厅里，小姐就能站在楼上闺房门口查看。如果开个玩笑，这大概是民间最早的"非诚勿扰"了。

如此气势的宅院当然有着不同凡响的故事，而这些故事，又大多与茶叶和茶人有关。我们在来白琳的路上，看见道边竖立着不少茶叶广告，因为白琳的白茶、红茶，一直以来都颇有名气。尤其是在晚清到民国的一段时间里，有过传奇。

首先是吴应卯与刘墉的交往。在第三进大厅的正面墙壁上，悬挂着两副对联，其中黑底白字的对联写着"学到会时忘粲可，诗留别后见羊何"，右联下方落款处有"刘墉"二字。按照民俗专家的说法，这正是那位著名的内阁大学士刘墉手书。

诗是黄庭坚《次韵奉答存道主簿》中的句子，意思是："知识学到融会贯通，就豁然了悟；别后留诗一首，见诗如见挚友。"由来是这样的：当年乾隆下江南微服私访，大学士刘墉也随行到了福宁府。恰逢一年一度的斗茶活动，各地茶商、茶农、茶客都携好茶蜂拥而至。刘墉在吴家茶楼，偶遇了主人吴应卯，闲聊中发现与他很是投机。结果一来二去、交情加深，刘墉就写了这副对联送给吴家子孙，勉励他们日后读书有成。

吴家的茶叶生意规模大、利润高，家族中以茶为业者众多。尤其是在进入晚清后中国白茶和红茶的黄金贸易岁月中，福鼎白茶和红茶（三大闽红之一的白琳工夫发源地在白琳）源源不断地销往海外，使吴家受惠甚多。

自清代创制始至中华人民共和国成立以前，这里的白茶和红茶都是纯手工作业，民间农户、茶贩自设制茶作坊生产，然后由茶商、茶馆（不是喝茶用的茶馆，主要用来制作茶叶和交易）收购毛茶或茶青（鲜茶叶）进行精制加工，制作成成品茶。所以每年春茶季，都有来自泉州、厦门的"南帮"客商，来自广州、香港的"广帮"客商，和当地茶商一同设馆制茶。当时镇上的正式茶馆，包括客商开的多达24家，但最出名的还是本地茶商开设的"双春隆"、"恒和春"和"合义利"3家大茶馆。其中的"双春隆"正是吴氏同宗后裔——民国著名茶商吴观楷（又名吴世和）的产业。

吴观楷在白琳的名气很大，其经商有大手笔，很有魄力。他的发迹故事很有传奇性：据乡人相传，在20世纪40年代，吴观楷有一批茶叶运到上海，谁知道太平洋战争爆发，外商进不来。他只好将茶叶存放在上海。结果三年过去了，这批茶无人问津，就在它几乎就要被倒进黄浦江时，抗战胜利，形势大好，外国人又开始急寻茶叶，吴观楷就此高价卖出，大大赚了一笔。

白琳的玉琳古街现在凋落了，其百年前的繁华，却不亚于今日点头镇的"闽浙边贸茶花交易市场"，甚至更为繁华。古街中段的大马路，是原

● 庭院深深的吴家大厝

来"双春隆"的所在地，其前身是另一家茶馆——蔡氏上茶馆。因为蔡氏上茶馆被土匪烧抢一空，后被吴观楷收购重建。福建省建设厅在1939年设的白琳示范茶厂（茶商梅伯珍曾任总经理兼副厂长）后来停办，也是被吴观楷收购的。所以当年流传的一个说法是，白琳大马路上七成的商铺都是姓吴的。

当时在街上和吴观楷的"双春隆"毗邻的，是袁子卿的"合茂智"茶馆。由于吴观楷在福州的茶叶生意得到袁子卿的倾力相助，所以两人关系很好。后来更是一起成为福州华大联号的供应茶商，也是白琳最具实力的茶商，两家的注册资金分别为5000两和6000两银元。吴氏的茶叶生意做到最大时，为了收购毛茶和发放工资便利，吴观楷甚至印发过茶行银票，在霞浦、福鼎和柘荣三地，人们持有银票就能到吴氏的茶行兑现。

善于经营的吴观楷，终于从一名茶商成为福鼎茶史上赫赫有名的资本

● 民国时期的茶馆——双春隆旧址（福鼎茶办供图）

家。但他后来的命运急转直下——根据吴观楷的孙辈之一吴健回忆，在几十年前那个动荡的时期，他最后以地主的身份在江西鹰潭的劳改场里去世。

"翠郊的大宅那是我爷爷的爷爷那一辈，给四个儿子盖的大宅之一。如今到我这代做茶已经是第七八代了。吴家一直是个大家族，家里做什么生意的人都有，像中药材、布匹之类，还有就是做茶叶生意，家族中人到民国时主要做的是白茶。"如今五十多岁的吴健坐在我们对面，一边泡新做的白牡丹一边说起往事，他感慨地说："到我这一辈，几乎就我自己在做茶了。我们吴家一直以茶叶出名，恢复双春隆这个历史名牌的影响力，也是我决定做茶的主要原因。"

吴健的父亲一生以教书为业，再不过问茶事。吴健在1982年8月，从闽东技校福鼎分校的茶叶精制专业班毕业后，被分配到白琳茶厂工作，那年他正好19岁。他先是在制茶车间当工人，在萎凋班待了四年，后来去当车间管理人员，再是车间主任，最后又当了两年办公室副主任。1990年6月份，吴健离开国营茶厂，在1991年创办了自己的茶厂，厂名正是"双春隆"，在2005年才更名为"春隆白茶"。

其实在吴健心里，恢复历史上的"双春隆"一直是他的一个梦："我想时代不同了，但我想要再一次延续手艺，把福鼎白茶这门手艺传给后人。"他的茶厂规模并不大，忙时也不超过十个工作人员，一年只做一季春茶，全机械化生产，一年大概做2000担（相当于100多吨）茶，其中90%以上都是出口。

在2006、2007年间，美国著名茶叶零售商Teawana通过浙江茶业集团找到福鼎，在评议当地茶叶情况后下了10吨的白毫银针订单，最终由品品香和春隆等几家公司联合供应。2012年，Teawana被全球茶饮连锁巨头星巴克收购，福鼎白茶正式进入全球茶饮供应链。

"其实出口的茶叶和国内消费者爱喝的茶有很大区别。像老外一般买的是我们眼中的中档茶，有的是单卖，有的是作为他们花果茶的基料拼配后再销售（Teawana就是这样），他们也会将茶叶放在茶店、茶馆里卖。我给星巴克供货时，一般是提供白牡丹茶的原料和茉莉花茶。其实茉莉龙珠我做得也比较多，一年也有50吨。"一谈茶叶，吴健就很有精神。

而国营茶厂出身的经历对吴健影响很大，使他明白了什么叫做工艺和标准。"我1982年到白琳茶

● 吴健

厂，从学徒干起，所有初、精制的工序都从我手上一一走过。老师傅们当年教我们学艺，看的是我们会不会钻研、能不能吃苦、有没有进取心。为了学到真本事，再顽皮的年轻人也会认真做事。而且那个年代，既没有网络也不兴谈什么思维，我们只知道一分耕耘才有一分收获。"

吴健有一对子女，儿子正在上学，女儿毕业后开了个淘宝店，帮着父亲一起销售茶叶。不过孩子们对茶叶的兴趣都不算大。对此吴健倒很看得开。他说时代不同了，年轻人有更多的想法和发展机会也是好事，他只是希望在有生之年，给曾经辉煌过的"双春隆"找到接班人，成全一个大家族生生不息的茶叶之梦。

吴氏家族的命运，是近代中国茶叶史上茶商群体的一个缩影，在中国六大茶类中占据重要席位的中国白茶，在两百多年的时间里几起几落，直到今天成为我们生活中不可缺少的元素。而白茶对晚清以来的福建地方社会变革，还产生过一些什么样的影响，又走过何种历程呢？请见下一篇。

从左宗棠的白茶到
福州港的兴衰

我们在本书第一章里，说到福鼎白茶的兴起和其原产地福鼎的建县有很大关系——在明末战争结束以后的若干年里，当局要发展民生经济，就鼓励民间自发生产，而颁布了颇具仁政意义的《垦荒令》，让农民耕者有其田。这使得当时经济还欠发达的福建地区，掀起了围垦造田的高潮。

由于清早期的福建省，在相当长的一段时间内，茶叶种植领域实行的都是租地农经营方式，而租地农们因为拥有永佃权，使得土地所有权和使用权分离，只要在当地向山主交纳租金就可永远租种自己正在耕耘的土地，这极大激发了他们的积极性，也因此使得大批在战争年代生活无着的外地客民纷纷涌向闽北、闽东租地包山种茶。而百姓生活的稳定、生产物资的丰富，促进了人口的快速增长，这又使得集镇贸易空前繁荣。最终，原属福宁府的福鼎，在乾隆四年（1739年）独立置县。虽然仍属福宁府，但它的民间交易自主性大大增强了。

学者们一般都把嘉庆元年（1796年）定为现代意义上的白茶创始时间。而这一年作为划时代的茶叶产品出现在历史上的，正是福鼎用当地菜茶首创的白茶——银针。华茶从清代中期开始，登上对欧销售的世界头牌宝座，在清朝统治者们心目中也拥有了不凡的地位。从那时候开始，政府对茶叶贸易利润的掠夺和控制也加剧了，这一点，从清代茶政制度的变化可窥一斑。

在清初，茶叶是政府实行专卖的商品，一般商人不能随意贩运。产茶地区生产的茶叶，除少数优质茶叶要作为"贡茶"，由政府委派官员采办以供奉皇室外，其他作为贸易"田茶"，大致也有"官茶"和"商茶"之分。而清政府规定，无论"官茶"还是"商茶"，都实行"茶引"制度：茶商领引贩茶，须经税关"截验"放行。如茶无引，或茶、引相离，茶商将会被逮捕。而茶商卖完茶以后，残引还要交回颁发官府。

在这种制度下经营茶叶的茶商，因其在茶叶运销中的职能不同，大致可分为收购商、茶行商和运销茶商三种。收购商相当于今天的毛茶商人，是茶农和茶行商之间的中间人。茶行商一般为运销茶商的经纪人，有时也兼营毛茶加工业务。因为运销茶商直接在产茶区贩茶，比较麻烦——要设茶行，要验茶引，还要预付货款，他们一般没有那么多的时间和精力，于是就选择和熟悉当地情况的茶行商合作，茶行商走完一切流程后，向运销茶商收佣金。运销茶商则分成两类，一类是运销"官茶"的，称之为"引商"，直接请引于部，在西北茶马贸易中较普遍，主要目的是维护统一和边疆稳定，所以每运一引（一百斤）茶叶，有五十斤"交官中马"，五十斤"听商自卖"，另外还允许带销"附茶"十四斤，实际上是一种利润的补贴，弥补"官茶"商人在贩运中的花费和损耗。另一类是运销"商茶"的，称之为"客贩"，请引于地方政府，专门运销"商茶"，除缴纳引课之外，凡遇税关，都要验引抽税，其享受的政策福利不如"引商"。

随着清王朝政权的逐渐稳定和社会物质财富的增加，从清中期开始，中央政府对茶叶的管制就不再那么严格。尤其随着康熙二十三年（1684年）海禁的开放，清代对外贸易发展加快，闽浙一带的茶叶、烟草、明矾等物资得到大量出口，整个闽东沿海地区的农、渔、牧、茶业都全面发展了。

当时福建茶业的分布呈现这样一个局面：茶树种植遍及各府县，成为各县市的主要物产和主要经济支柱。有"七印总督"之称的清代官员卞宝第在《闽峤辅轩录》一书中对福建各地的物产有详细的记载，其中所列举的产茶县就有：霞浦县、福鼎县、宁德县、安溪县、大田县、南平县、沙

● 中国茶叶出口前的装箱工作，1790，水墨

县、永安县、建安县、瓯宁县、建阳县、崇安县、政和县、松溪县、邵武县、光泽县、泰宁县及建宁县等。可见,清代福建茶树的种植已经普及,遍及福州、泉州、建宁、福宁、延平、汀州、兴化、邵武、漳州诸府。茶叶分布从宋元时期的闽北发展为闽北、闽东和闽南三足鼎立的局势。

中国白茶的产地是福建闽东和闽北。闽北茶区当时包括建宁、延平和邵武3府,共辖17个县,产茶区主要分布在瓯宁、建阳、崇安一带。当时的历史资料记载了那个茶叶大发展的时期:瓯宁县"近来茶山蔓延愈广。瓯辖四乡十二里几遍,西乡在万山深处,亦有茶山"。茶农种茶建厂"不下千厂,每厂大者百余人,小亦数十人,千厂则万人。兼以客贩担夫,络绎道途,充塞逆旅,供不应求又数千人"(蒋蘅《云寮山人文钞》第二卷);建阳县"山多田少……近多租与江西人开垦种茶";政和"物产,除茶、杉、笋、纸外,别无大宗"。当时社会上甚至编了一段《种茶曲》来笑说这样的繁荣:"茶无花香满,家家无田钱,万千山农种茶山之巅……今年辟山南,明年辟山北,一年茶种一年多。"

包括福宁、福州2府,共辖15个县的闽东茶区,作为在清朝迅速崛起的发达贸易区引人关注。福宁府的产茶区主要分布在福鼎、福安、宁德3县。而清代福鼎的茶叶是大宗土产,各乡都产茶,尤其是太姥山地区产的绿雪芽茶、白琳产的白茶和红茶很出名;福安地区则"茶,山园俱有"、"产茶甚美"、"香闻数里";宁德县更是"其地山陂泊附近民居旷地遍植茶树",其"西路各乡都有,支提尤佳"。较远一点的霞浦县虽然茶产量和茶叶质量都不及福鼎,但各个区也是"皆有种茶"。这时候,进入了近代福建茶叶种植发展的黄金时期。

在当时一边是茶叶经济繁荣、一边是国内纷争和国外摩擦不断的情况下，同治元年（1862年），一个中年人的敦实身影，出现在福建海运贸易的前沿地带。他就是晚清重臣，著名湘军将领，与曾国藩、李鸿章、张之洞并称"晚清四大名臣"的左宗棠，他时年50岁，刚刚因为平定太平天国有功，升任闽浙总督。左宗棠来到福建的时候，离清政府和英国签订近代中国的第一个不平等条约《南京条约》已经过去了22年，作为《南京条约》附约的《五口通商章程》和《五口通商附粘善后条款》（《虎门条约》）也执行了20年。

左宗棠是晚清历史上为数不多的主战派，他和虎门销烟的福州籍名将林则徐曾经一见如故。英雄惜英雄的林则徐，把自己的毕生心血——在新疆勘察边防时整理的资料和绘制的地图全部交给了左宗棠，并殷殷叮嘱比自己年纪小了一轮、当时还只是一介幕僚的左宗棠："将来东南洋夷，能御之者或有人；西定新疆，舍君莫属。"林则徐在晚年回到福州老家，身染重病，在生命的最后关头，还不忘命儿子聪彝代写遗书，向当时的最高统治者咸丰皇帝推荐左宗棠，称其为"绝世奇才"、"非凡之才"。

正是在老师曾国藩、忘年交林则徐以及知己兼儿女亲家的两江总督陶澍等朝廷重臣的举荐下，左宗棠走上了朝堂，在历史上留下了不可磨灭的烙印。他一生在福建度过的时间不短，对福建感情也很深，尤其是在1866年，他在福建设立了晚清政府规模最大的新式造船厂——福州船政局（今福州马尾造船厂），被人视为洋务运动的领袖。这也是当时远东第一大船厂，是中国近代最重要的军舰生产基地，用以制造和修理水师武器装备，也是有志于中国强大的一批文臣武将们"师夷长技以制夷"的思想产物。

作为文人出身的武将，左宗棠粗中有细，他清醒地认识到经济繁荣对国家军事的重要性，所以非常关注中国对外贸易中利润最丰厚的茶叶经济，而且在观察福建当地的茶叶经济时，他留下了十分有价值的参考资料。比如随着福州茶港在咸丰三年（1853年）开埠，19世纪60年代后，外国洋行纷纷在中国驻点，福州市内的英美洋行一度猛增到21家，这其中就包括大名鼎鼎的怡和、宝顺、琼记等外资财团。他们通过消息灵通的中国买办传递内地市场信息来加强对茶叶市场的控制。对这一点，左宗棠在其奏疏《征收起运销茶税未能定额情形折》中说道："每年春间新茶初到省垣，洋商昂价收买，以广招徕，追茶船拥至，则价值顿减。"茶商因此吃尽苦头，至此"利柄操之于夷人，华商不能与争所致"。（欧阳昱《见闻琐录》后集卷二）。可见，外国人的醉翁之意就在茶，他们想完全控制闽茶贸易。

1865年后的福州海关年报有这样的内容："市场畅销大量各种茶，需要赶制……整个季度都有轮船等待运货。"而1872年英国人在上海办的《北华捷报》也报道："欧洲茶叶消费的惊人增长，其速度超过茶叶生产的发展。"闽茶供不应求，茶叶利润可观，一直到19世纪80年代还是一枝独秀——1832年白毫茶在欧洲大陆平均每担售价100两，在英国每担售价60两；1868年按每两银折2.8英镑算，每担红茶值128英镑。闽茶成为清代福建的支柱产业，又是对外贸易的唯一大宗商品。

未出仕时，左宗棠在老家湖南买过几十亩田，开园种茶，竟然获利不少，他由此开始对"茶务"有了感情和切身体验。而在福建，他很重视茶务的改革，曾专门上奏了《闽省征收起运销茶税银两专能定额情形折》。对闽茶的重要地位，他也曾于同治十三年（1874年）时，在其《奏以督印官票代引办法》第七条写道："所领理藩院茶票，原只运销白毫、武夷、香片、珠兰、大叶、普洱六色杂茶，皆产自闽滇……"左宗棠本身也是爱喝茶的人，从在老家湖南种茶开始，他就喜欢上了亲力耕种、粗茶淡饭的生活。到名茶众多的福建以后，他对红茶和白茶（当时还是用菜茶做的小白茶）评价也都不错。

为了在激烈的市场竞争中保护本国商人的利益，左宗棠就外国茶商垄断茶叶贸易的问题，主张朝廷对华商征收茶税不设定额，以维持华商的生计而不致被洋商挤垮。他直言不讳地指出，茶叶的行销"以外洋商贩为大宗，每年春间，新茶初到，省垣洋商昂价收买，以广招徕。迨茶船拥至，则价值顿减，茶商往往亏折资本。加以浙江、广东、九江、汉口各处，洋商茶栈林立，轮船信息最速，何处便宜，即向何处收买"。

他之所以会有这样的主张，是因为清中期以后，清朝统治者眼看茶叶贸易的发展产生了巨利，镇压国内太平军等又需要大量的军饷，就对国内茶商阶层实行了严苛的税制——在当时，经营盐、茶两业的商人交纳正课，被征收厘金后还要交其他杂税，只能收获微利，维持生计。比如像茶叶，就有"捐助、养廉、充公、官礼四项陋规作为杂课"。在《左宗棠奏疏初编》卷三十五中记载，19世纪50年代时，福建巡抚王懿德奏请皇帝，

● 五口通商后的福州

在闽江上游产茶区征收起运茶税，每百斤茶叶征银一钱四分八厘五毫，咸丰五年（1855年）又增设运销税，至咸丰八年（1858年）又创立茶厘与百货厘等，咸丰十一年（1861年）再加收军饷。这时候，茶叶税厘已上升到每百斤征银二两三钱八分五毫。从咸丰三年（1853年）至同治四年（1865年），单是茶叶起运税及运销税两种税收总额便达200万两。

这样的层层盘剥，使得中国商人只能通过在国际上抬高茶叶价格来减轻压力，而这极大制约了中国茶叶的竞争力。据学者罗玉东《中国厘金史》一书的统计，从咸丰三年（1853年）到光绪二十九年（1903年），福建全省茶叶税厘共达二千八百九十万两。对茶商来说，这是难以想象的压力！

事实上从福州开埠到19世纪80年代的三十年左右的时间里，闽茶经济曾经因为国际交易的便利得到了极大发展，在欧洲名气极大，闽北和闽东的茶叶（主要是红茶）在国际茶叶市场上攻城略地、势如破竹。但是到19世纪80年代后，新兴的茶区印度、锡兰（斯里兰卡）、日本等地的茶叶生产崛起（锡兰在1875年种植茶叶才1080英亩，到1895年已达30.5万英亩），使得消费量开始稳定的国际茶市供过于求，有大量茶叶积压。

这一来中国茶叶价格猛跌，"顺昌县洋口地方，咸同年间袋茶每百斤售银二十余两，光绪七年以后开始下跌，每年头春嫩庄七、八、九两，粗庄三、四、五两"（《中国近代手工业史资料》第二卷）。光绪十三年（1887年）"只售七、八两"，光绪十五年（1889年），伦敦市面上普通的工夫茶每磅仅售四便士至四便士半，折银闽茶每担只能五两至五两半方能与之竞争。以中国商人要承担的苛税根本做不到这个价格。

何况和一开始就奔着标准化、机械化、庄园化去发展的印度、锡兰等国的产茶模式相比，中国的茶叶生产管理水平显得落后，从产品本身来说

● 中国传统的拣茶女工，她们的工作逐渐被机器代替

竞争力也不足。于是茶行开始陆续歇业或倒闭，连参与华茶交易的外国洋行也不例外。至1890年，福州"洋商之办茶者，上年共有七家，今年则概行歇矣"。（《光绪十六年福州口华洋贸易情形论略》见《通商各关华洋贸易总册》下卷）

　　就这样，福州茶港五十年，从星光璀璨到黯淡的背后，是一部辛酸曲折的闽茶贸易风云录，记录了动荡的时代里，许多人的家国命运。而这时候，为福建茶业发展操了许多心的左宗棠，已经离世十年。他生命的最后时刻，永远停在他托付了许多感情的福州——那正是光绪十一年（1885年），同为晚清重臣的李鸿章与外国侵略者签订了《天津条约》，对此，战功赫赫、收复新疆的左宗棠完全不能接受，对当时主和的李鸿章做出了严厉批评。而李鸿章一气之下，设法剥夺了左宗棠下属的兵权。结果左宗棠在气郁之中过了一个月，就在福州突发疾病去世了。

　　山河岁月中，永远有不平静的回忆。福建红茶受到冲击，外贸衰落以后，白茶的价值终于被大力挖掘，中国茶商从茶山源头开始，提升白茶的品种、采制和加工工艺水平，中国白茶进入了划时代的发展阶段。从沿海的闽东到山区的闽北，人们越来越尊重科学技术的力量。有一些声音更是愈发清楚了。那他们是谁？因何而来？请看下一篇。

③

一杯政和白茶的
中国味道

阳光温暖、山风和煦，我们一边在忽明忽暗的隧道中穿行，一边感慨在闽北修建高速公路的成本之高。由于政和多高山，交通相对不便，所以在宋徽宗赵佶亲自赐名后的900年时间里，它的发展还是相对平缓，就像一位朴实的农家茶女，虽然天资清丽却并不卖弄。

但也许我们还是要回到那段无法抹去的北宋岁月，到无尽风光的王朝背后，去瞥见最初的政和茶业了。

"修贡年年采万株，于今胜雪与初殊；

宣和殿里春风暖，喜动天颜是玉腴。"

这是宋代大学士熊蕃充满感情的诗句，也是他因政和进贡之茶受到最高统治者的肯定而倍感喜悦的慨叹。熊蕃为何会这么高兴？因为他是土生土长的闽北学子、福建建阳崇泰里（今莒口）人，一生厌恶世俗、不应科举，却能文工诗，还是一位地地道道的"茶痴"。在迄今为止研究武夷山风景名胜、奇闻怪趣、地理特征、三教（儒、释、道）同山、物产习俗等文化资源最权威的史料《武夷山志》里，清雍乾年间文士董天工（福建崇安人，崇安即今武夷山市）将这位闽北老乡归到了"隐逸卷"里，因为他不愿参加科举考试，隐于武夷山中，又在八曲造了一个"独善堂"，自号独善先生。

　　说政和茶就必定要提"北苑贡茶"。十分"独善"的熊蕃写了《宣和北苑贡茶录》。他在《宣和北苑贡茶录》中极力推崇家乡的建茶，对北苑建茶的源始、发展过程、茶芽的品第与特征、贡茶的种类与年代这些具体问题都做了详尽记录，成为后人研究北宋茶业的重要资料。此书又一一记载了宣和年间（宋徽宗在位的最后一个年号）北苑所造茶的时间和品名，甚至将制茶所用模具都一一记下，让多少年后的茶叶研究者，得以窥见北苑茶生产发展的原貌。

　　熊蕃的著述对茶叶的分析还是在理论层面，到其子熊克时，就进入了实操阶段。他弱冠即成进士，后来官至朝散郎秘书郎、国史编修官、学士院权直，在绍兴年间（宋高宗年号）曾"摄事北苑"，他注意到茶品中"近所贵者仍其旧，其先后之序亦同。惟跻龙团胜雪于白茶之上"，遂为父亲刻印了《宣和北苑贡茶录》。熊蕃在世时提到北苑茶的名字，而熊克则"克今更写其形制，庶览之者无遗恨焉"。他在刻印《宣和北苑贡茶录》时增补了38幅贡茶形制图，"龙团凤饼"、"万春银叶"、"乙夜供清"、"宜年宝玉"……这些如今听来文雅得难以想象的名字，让我们看到了丁谓、蔡襄、贾青、郑可简等茶员在发展北苑贡茶上所做的努力。

闽北人熊氏父子为建茶骄傲，而政和县因茶得名的事件背后有着不争的事实——从宋代开始，以茶叶制作精良、水平高超著称的东南产茶区，茶叶的产量和质量都达到前所未有的高度，从而使其在中国上层阶级和主流社会的影响力超过了西南产茶区。著名学者陈椽在其《茶叶通史》中写道："唐末宋初福建茶区的形成，建州茶叶可能是从浙江的台州，到处州的庆元传入政和，经松溪再传到建瓯。与宋元时期著名的建安'北苑贡茶'有着很深的历史渊源。"

这一时期的政和已成为"北苑贡茶"主产区，宋代朝廷在北苑设皇家焙茶局，制造"御用"之茶。根据史料记载，当时的北苑有38个官焙、1336个私焙，官焙的茶直接进贡。后来因皇家的需求量越来越大，官焙生产速度跟不上，所以每年还要另外举办斗茶赛，从私焙中选取斗出来的好茶一起并入官焙，然后统一进贡。那次得到宋徽宗欣赏的政和茶，正是因这一原因享有了殊荣。

我们前面提到过宋徽宗对"斗茶"的喜好，他认为："点茶之色，以纯白为上，青白为次，灰白次之，黄白又次之。天时得于上，人力尽于下，茶必纯白。天时暴暄，芽萌狂长，采造留积，虽白而黄矣，青白者蒸压微生，灰白者蒸压过熟。"（见《大观茶论》）而政和境内有许多野生茶树，不但叶片满覆白色的毫毛，做成团茶之后，茶汤的乳花也特别白，咬盏（建盏）特别持久。

政和至今，还留有一些唐宋年间的古茶园，像县内镇前镇郢地深渡坑村就有一片当年种植茶叶的山场，当地人称其为"茶园坑"。在当地一支大姓宋家撰写的宋氏家谱《杂事记》里，写明了宋家祖先在汉朝就来到政和，买山种植、开荒造田，在这里种植茶叶，后来随着茶地规模的扩大而成为茶园。

深渡坑村距县城50公里，有心者如果爬上山，可依稀看见唐宋古茶园的踪迹——这里沿途都有茶树，但树并不高，甚至因为细小显得不起眼。和现代大规模垦殖的茶园中的茶树不

● 蔡襄，北苑小龙凤团茶创始人

同，古茶园里的茶树不规则地在各处山沟中长着，如果不仔细辨认，和其他野生的植物几乎无异。对此茶叶专家解释说，由于当年的这些茶树都是灌木型小叶种，本身就长不高，又因这里渐渐形成了森林，缺乏足够的光照（人进茶园深处要用刀砍去杂草），所以树上的茶叶很难长成像我们熟知的大毫、大白的茁壮形态。

福建贡茶使君、书法家蔡襄（籍贯福建仙游）留了一句诗："北苑灵芽天下精，要须寒过入春生，故人偏爱云腴白，佳句遥传玉律清。"这足见闽北茶叶当时的名声之大。蔡襄在建州时，也主持了武夷茶的精品"小龙团"的制作，又在他所著的《茶录》中总结了古代制茶、品茶的经验，为茶叶发展做出了不少贡献。

当然必须指出的是，蔡襄诗中所说的"云腴白"——宋代的白茶，不是现在我们按照茶叶制作工艺来定义的白毫银针、白牡丹、贡眉、寿眉这类白茶，而是经过蒸压制成的团茶，它们被各种各样的茶叶模具，压制成

圆形、菱形、梅花形等形状。

蔡襄的堂弟蔡京和"政和"二字也颇有渊源，他和徽宗关系非常好，都是茶叶专家和书法大家。蔡京对经济又很在行，曾先后三次对茶叶营销和税收进行改革，第三次改革是在政和年间，被称为"政和茶法"。而他三次变革茶法的结果，是由官府垄断收购的专卖制向以引榷茶制度转变，呈现了四大特点：第一，政府的专卖收益通过商人来实现；第二，政府规避了生产和销售中的经营风险，获得了"净利"；第三，中央政府垄断专卖收入，避免了地方机构的分利；第四，不仅攫取高额引息，还令商人重复买引，条令严急，取利极深。

北宋最终由于徽宗在国事上的不思进取和误判灭亡，而蔡京则在宋钦宗即位后被贬岭南，途中死于潭州（今长沙）。但是东南茶法和四川茶法却仍采纳了蔡京的政和茶法以引榷茶的基本模式，使宋代茶法最终走上了全面以引榷茶的轨道。这是因为宋代是中国茶叶生产的发展时期，茶的种植面积和区域有所扩大，产量大为增加，较唐代增长两倍还多。茶已成为

● 20世纪50年代的政和茶厂

极其重要的经济作物。

　　有一个数据显示：高宗末年时，国家财政收入为5940余万贯，茶利占6.4%；孝宗时，财政收入为6530余万贯，茶利占12%，由此可见茶带来的利润之丰厚。而宋朝又是中国历史上著名的"尚文轻武"的封建王朝，与契丹（辽）、西夏（党项）、女贞（金）等国一直烽火不断，造成了国家财政的困难，皇室很需要这项重要的收入来加强国家军事力量。

　　青山遮不住，毕竟东流去。在追求极致奢华的宋朝灭亡后，政和茶业走过了元代和明代，迎来了大发展时期。我们现在所知的政和白茶差不多是和福鼎白茶在同一时期，因为发现了优良茶种大白茶并得以大量繁育后，才开始空前发展的。同治十三年（1874年），政和年产红茶就达到万余箱（每箱30公斤），而且由于政和茶叶品质特佳，所以运到福州茶行后总是优先开盘，售价最高。19世纪初，政和已大量生产银针，先是销往英美等国，后因第一次世界大战爆发打断了销路。民国十五年（1926年）恢复银针出口，改销德国、东南亚和中国港澳地区，年产达50余吨，收购价格每吨亦提高至银元6400元。那是政和茶业的光辉岁月。

　　对这种局面，民国的《政和县志》中有"茶兴则百业兴，茶衰则百业衰"的说法，可见茶叶这一经济作物对这个山区县的重要性。民国三十六年（1947年），政和茶业的销量和产量因太平洋战争跌到了谷底——全县产量只有100吨，到处是抛荒的茶园。而抗日战争后由省政府兴办的政和县示范茶厂一所，经营两三年后就倒闭了。到1949年，全政和县仅有一家县办茶叶精制厂，民间手工作坊则有195个。

　　中华人民共和国成立后，由于中国茶叶主销区变成苏联，符合其消费习惯的红茶（政和工夫）得以大量生产，1958年后银针停制，直到1985年后才恢复生产，到1988年，年产银针的数量才5吨。而在计划经济的20世纪五六十年代，政和国营茶厂是政和唯一一个白茶生产企业。由于当时的茶叶属于国家二类物资，茶叶购销企业均为国有企业，所以每年必须由隶属于政和县茶业局的东平茶业站代为收购白茶毛茶，而后调拨到政和茶厂加工，成品装箱后专卖到中国土产畜产福建茶叶进出口公司，再出口外销。

政和传统的茶树品种是平原茶区的政和大白茶和高山茶区的有性群体的菜茶品种，在20世纪60年代后期，政和县的国营稻香茶场首先引进了少量福鼎大白和福鼎大毫等品种。20世纪80年代初，县里大量引进了福云6号、福鼎大毫、福安大白茶、梅占等特早芽和早、中芽优良茶树品种来丰富整个茶叶的品种结构。政和县内的石屯、东平、熊山等镇均是白茶的重要产区，分别种植福安大白茶、政和大白茶、福云6号等品种。

政和县茶业管理中心主任张义平带着我们走过了整个政和茶区。他告诉我们，政和县域内有茶园11万亩，以澄源、东平、石屯、镇前茶园面积最大，其中连片的茶园主要分布在东平、镇前、澄源一带。而政和境内生产小菜茶的地方有二十多处，其中野生的小菜茶遍布于海拔800米至1000米的高山茶园中，它们主要用来制作高档的绿茶和小种红茶，以及白茶中的贡眉。

政和白茶的加工工艺与福鼎白茶有所区别，属全萎凋轻微发酵茶。在晴好的天气条件下，将鲜叶均匀地摊晾在水筛上，置于通风的专用茶楼里进行自然晾青（萎凋），既不破坏酶的活性，也避免氧化，逐步形成政和白茶独特的"色、香、味"品质。待鲜叶晾青达八九成干后，进行烘干，形成毛茶，再将毛茶精心拣剔、匀堆、复烘、装箱，即成。2004年，时年95岁的中国茶叶学家张天福到政和考察，留下一句评价："政和白牡丹名茶形、色、香、味独珍。"可以说，这是一种权威认定。

2007年，国家质检总局批准对政和白茶实施地理标志产品保护，保护范围为政和县现辖行政区域。2008年，"政和白茶"被国家工商总局商标局核准注册地理标志证明商标，2008年10月，政和白茶国家标准颁布实施，2009年12月被认定为著名商标。政和白茶由此在人们心目中的形象，或许用当地人如今介绍这个闽北古老的茶产区时用的一句话最为适宜："政和白茶，中国味道。"它从岁月深处悠悠绵延而来，在生产生活中逐渐发展与成熟，曾经几度忧患却又依旧生机勃勃。这，就是中国人的日子，也是祖祖辈辈们咀嚼至今的"中国味道"。

那么，政和那些以茶为生的祖辈，在过去的岁月里他们过得好吗？因为白茶，他们有着怎样的生活际遇呢？请看下一篇。

回望前村，
宋氏祠堂托起的白茶歌

位于政和高山区的澄源乡前村，是一个古老而宁静的小村落。它与国家级风景名胜区政和佛子山及屏南白水洋为邻，属东南沿海中山上部盆地，平均海拔为890米。一条穿村而过的鲤鱼溪，包围着这个拥有52幢明清古民居、20幢民国古民居和98幢仿古民居群的山乡。而这里也是政和县目前保存户数最多、最完整的明清夯土古建筑群，村中那些一两百年的老宅，不但大多有人居住，而且人们还保存着过去传统的生活方式和习俗。

我们到的时候，天气晴朗，走在村里的小路上，不时会遇到挑着茶青下山的老人好心邀请我们去喝杯茶。一路行过的间隙里，我们常见到一些年龄大约在八十岁以上的老婆婆坐在门口的竹椅上择菜、做针线活或晒太阳闲聊。农家的狗则摇着尾巴站在一旁，有些机敏又不失淳朴可爱。

在前村宋氏族人的带领下，我们走进了几座古民居，发现这里的传统建筑多为明清式夯土墙、三厅木结构天井的民居，而白墙黛瓦、马头墙、院落内的精美雕刻和随处可见蕴含励精图治的楹联诗词，则是这里的传统建筑的主要元素。厅厝是澄源乡村的人们日常活动的中心，是贡祖先"香火"和安"神位"的地方，所以一般都会在厅厝的正面靠壁上迎门放一张长长的贡桌，桌上排列历代祖先和当地人信奉的神仙名号，每当逢年过节或者婚丧嫁娶时，贡桌上就会一字排开村人敬献给列祖列宗和各方神灵的牲礼贡品，多是些瓜果肉蔬糖糕之类。人们站在贡桌前，恭恭敬敬地焚香燃烛、鸣放鞭炮，敬天、敬地、敬祖宗和神灵，在每一个中国重要的传统节日里，人们祈求家宅兴旺和五谷丰登。

前村民居还有一个与别处不同的特点是，许多宋氏居民的老宅中都有以梅花为主题的雕刻和门联，甚至是大门口的门墩、各个橱柜和厅堂门窗的花格上，都雕着精致的梅花。有出嫁女的人家，还会在新娘的嫁妆上贴上"梅花学士"的喜封，成为接亲路上的一道靓丽风景。

为何前村人如此热衷梅花？我们听到的答案是——这里宋氏族人的先祖是唐开元年间的一代名相宋璟。这位以耿直著称的大臣，一生喜爱梅花。虽然他因不愿变通几度被贬，最后被罢相，甚至被玄宗皇帝认为是"卖直沽名"，他也并不争辩，而是默默留下了一首《梅花赋》，流传至今。这首赋的引文是这样写的："呜呼斯梅！托非其所出群之姿，何以别乎！若其贞心不改，是则足取也已！"

《梅花赋》是宋璟在他二十多岁时写的，他一生确实没有违背自己的本心，做到了公正和清明。也因如此，在一千年后的另一个王朝里，另一位著名的皇帝对他推崇备至。那是1750年的秋天，正当壮年的乾隆皇帝南巡嵩山和洛阳，回銮时经过宋璟的老家河北邢台，看到当地人为这位先贤建的兹亭，求才若渴的他很是感触。当晚，乾隆皇帝不但手书了宋璟的《梅花赋》，还另做了一首诗，并在诗旁画了一枝梅花，以表达对这位前朝名相的倾慕。

前村正式建村是在元末至正（1341-1351年）年间，宋璟的一支后裔在这里默默生活了许多年，日夜耕织，保持着中国最传统的生活方式。而这里的居民，至今还是以茶叶、水稻、烟叶、蔬菜、毛竹、锥栗等农林产品为主要经济来源。因此此处自然生态非常好。

整个前村的古建筑群是以宋氏（洋当）宗祠为轴线，由井字巷道相隔，呈放射状连片分布的。我们走进始建于明英宗天顺三年（1459年）的祠堂，发现虽然内部正在翻修，但还是可以完整看到这座祠堂的原貌——这座建筑的屋顶有三层凤尾造型，大厅和戏台上分别造有一个八方型穹顶，上面是内容丰富的壁画。祠堂内厅供奉着陈夫人塑像（闽北信奉的民间女神陈靖姑），左右龛则供奉着宋氏祖先。大厅上悬挂着"进士"牌匾一块、"拔贡"牌匾一块和"文魁"牌匾一块，记录着前村宋氏在1886年拥有过一门双进士的荣誉。而从每年的正月初三到正月十五的元宵节，这座祠堂内都热闹非凡。因为人们在此要举办灯会，来祈祷新的一年风调雨顺。

前村素来有茶，也有茶人之家。在清末民国的那些岁月里，这里的许多大屋都曾飘出过茶香。那些制作精良的政和工夫红茶和政和白茶，被一箱箱地挑到当年的遂应场（政和锦屏）去出售，然后通过福安穆阳码头运到福州，最终销往欧洲和东南亚。而从澄源通往穆阳的这段古道，因为当年来往交易的都是茶叶和食盐，就被称为"茶盐古道"。

通过查阅相关资料，我们发现这条古道正是政和当年通往闽东出海的一条重要茶盐道路，在过去是一条经济大动脉。包括闽北政和、松溪、浦城以及浙江庆元一带的货物，像高山区的茶叶、笋干等大宗货物和其他山货如毛边纸、山茶油、红糖、烟草、粽叶等，都要靠"挑夫"用肩膀挑到闽东穆阳，再用船运到沿海各地，而沿海的食盐、鱼货、红糖等生活物资又通过古道被挑到内陆。

据一位至今健在、曾当过"挑夫"的耄耋老人回忆："政和以前最出名的就是红茶和白茶。我们前村的茶商在做完茶叶以后，都要由我们这些力工，用漆了桐油的木箱把茶叶装着，每箱六十斤，一人挑两箱从前村出发，经过林山、际下、前溪、朝溪、纯池、杨源、西门桥、大石、下南溪，最后到达福安穆阳，再将木箱装船运到福州港，把茶叶拿到香港卖。在这种来来往往中，就有不少茶商把茶叶换成响当当的银元，发了家。"

似乎是为了印证老人的说法，在前村宋氏（洋当）宗祠附近，我们看到了民国时的政和茶商宋师焕的故居——一幢土木结构、气派不凡的建筑，如今虽因多年

● 宋氏祠堂内匾额之一

未翻修显得凋落，但大门口左侧弄堂上自建的炮楼，还是显示出了这家主人当年的尊贵身份：前村人宋师焕，不但是民国时期政和最大的茶商，也是名气最大和最有口碑的茶商之一。

这位前村茶人的故事，还颇有些传奇色彩。他16岁就进入商场，主要做的是木材和茶叶生意，而且很快就显露出了过人的才能。20岁以后，宋师焕办了自己的茶行，主要经销白茶和红茶，其中尤以大白银针（白毫银针）为最具竞争力的品种。根据一份当年的贸易档案记载，在1930年，政和全县销往香港的二万六千余箱茶叶中，仅仅宋师焕一人的"义和号"大白银针就占了三四成。

而政和大白银针在当年能够直销香港，也和他有着密不可分的关系。早在民国十七年（1928年），刚刚24岁的宋师焕就作为大白银针茶代表，和时任福建省财政厅厅长严家鉴一起亲赴香港，从中斡旋大白银针直销香港事宜。从那以后，政和白茶通过香港市场直销，不但扩大了自己的影响力，也令茶价倍增。

对民国年间蓬勃发展的政和白茶事业，《政和茶史纪略》有记载：

1914年，有"庆无祥""聚泰隆""万新春"等54家茶行，年产银针40吨。

1920年，东平、西津及长城一带大量生产白牡丹，远销香港。

1922年，越南茶商在政和县开设12家茶栈，白牡丹茶始销越南。

● 宋师焕故居

1926年，银针远销法国、德国，年销量达50多吨。

1940年，《闽茶专刊》创刊号记载，至7月止，政和县登记外销茶号茶行47家……

民国期间，政和凭借资源优势迎来了茶叶生产的春天，《政和县志》对此曾有描述："茶有种类名称凡七，曰银针，曰红茶，曰绿茶，曰乌龙茶，曰白尾，曰小种，曰工夫，皆以制造后得名，业此者有厂、户、行。"到民国中后期，政和白茶实现了与工夫红茶的比翼齐飞，双双畅销海内外，成为政和县的经济支柱。由此可见，宋师焕的"义和茶行"欣欣向荣的那段岁月，正是茶乡政和墙内开花墙外香的时节，许多人的生活因茶叶而改变，而前村的宋氏祠堂一同托起了这首白茶歌。

热心当地民生的宋师焕虽身为茶商，却是个有抱负的人，他先后担任过不少政界职务，在做茶的同时还救过乡亲的命——他在民国十七年（1928年）被县政府委任为第四区警卫队队长，同年又被委任为四区四十一保保董。民国二十一年（1932年），兼任松政游击队第二中队副官和前村村保长。民国二十三年（1934年），任南里各保联队付。民国二十七年（1938年），被全县公推为茶叶出口香港评价代表，第二年又被公推为县第二区贸易茶叶联号经理。第三年全县茶叶会议推举其为中茶公司福建外销茶业部评委。1945年，宋师焕被选为政和参议。

已经是政界达人的宋师焕，曾经在民国二十八年（1939年）时为搭救前村一名被抓走充壮丁的村民，亲自前往镇前区保人，他经过反复协调，最终用四五十余元银元的代价，换来了那位乡亲的平安。这件事让当时的很多前村人都感动不已。

就在1948年，宋师焕因病在政和城关去世了，他去世时才44岁，还带着些遗憾和不甘。从此以后，曾经叱咤一时的"义和号"，便只剩下了宋氏祠堂外的这座宅院，时至今日也已经残旧，隐没在前村深处。而宋师焕的儿孙们还在这里日复一日地生活，安静而沉默。那条前村外的茶盐古道也像是不知人事皆改，在静静的山林中依旧蜿蜒向远方。一切都是当初的模样，一切却都不同了。

"南山高，北山低，村人采茶如上梯。

谷雨山中新茶熟，千枝万叶发如齐。

新山茶比旧山好，上山采茶争及早，

春雨苦恨不开晴，只恐新枝茶色老。

朝采茶，暮采茶，村前村后无闲家。

提篮携篓男并妇，一叶一滴汗如麻。

但愿今年茶市好，采得茶叶换粮草。"

在那言犹在耳的茶歌声中，在宋师焕和与他同时代的政和茶商们渐渐远去的背影里，一个大起大落的时代结束了，红色激昂的时代开始迎面而来。政和白茶从民国走向了新中国，发生了一幕幕让人或感慨或赞叹的故事。就让我们把镜头转向下一篇。

⑤

石圳——一个白茶小镇的前世今生

"山不高而林茂竹丰，水不泛而清波荡漾。"这句话既是描绘政和的风景，也说明这个地处闽北山区的小县，有水运便利的条件——距政和县城约7公里的石圳自然村，位于政和县石屯镇的松源村，地处七星溪南岸，背靠牛背山，三面都为政和最主要的河流七星溪所环抱，方圆有1100多亩，是一个人工凿山开渠后形成的"江心岛"，也是一个早在宋代就已形成的村落。

而石屯镇曾是"北苑贡茶"主产地，是政和县的西大门，是闽北地区通往浙南和闽东的重要通道，也一直是政和县茶叶加工量最大、流通量最大的乡镇之一。自北宋以来的那些岁月里，因为政和茶要经石屯的石圳而出，于是给这个小村留下了不少故事。

明清时期的石圳就有明确的区属记载：即"东衢乡东衢里二十三都冶"，"去县西十里"，且与桐岭同属一图。石圳的位置非常独特，它与桐岭铺相连，下接第三铺倪屯铺，是陆路官道上的重要节点。由于七星溪在流经石圳地段时拐了一个弯，形成一处深水码头，所以它是政和历史上重要的水陆中转码头。

明清两朝是石圳发展最关键的时期，当年有大批从西津河逆水进来的装有粮食、食盐和外埠日用品的船只，均在石圳码头停靠，改装竹筏，之后运到政和城关去出售，而政和外运的茶叶、木材、笋干等土特产品也多在此处停泊，由筏改装上船。直到1958年，在建瓯至政和的公路开通以前，运输都主要靠水路。所以最繁忙时节，这里泊靠的船、筏约有上百，几乎覆盖了整个七星溪河面，远远望去十分壮观。

明万历二十七年（1599年）的政和，在知县车鸣时的眼里是这样一番情景："政延绵数百里，山川险谷，民罕十连之聚，然西南十分之九不尽宜于五谷，勤于事事，亦足自赡。上播茶栗，下植麻苧，其他木竹茹笋之饶，唯地所殷。"这是他在县志序里写的，足见当时茶叶已成为政和本地的重要经济来源。而这些茶叶中的相当部分，都在石圳转运。

和所有因贸易而兴盛的古码头一样，当年小小的石圳，到处是茶庄和茶馆。每年到了春茶生产季，茶庄里、码头上就挤满了茶商、茶农以及运货的船家，众人齐心协力地将一篓篓、一箱箱的茶叶装上船，运往福州，最后驶向中国香港、东南亚和欧洲各地。听随行的向导告诉我们，当时这里外运的政和茶叶有白子（小白茶）、茶针（白毫银针）和红茶（政和工夫），它们包装好后用竹篓装起来放到船上。如果运的是木材，就搭成木排直接流放到福州，这在当地说法中叫做"放金筒"。

因为茶叶的利润可观，当年这里有的是酒楼、金银店、杂货铺、药铺、茶庄、豆腐坊、点心店、旅馆及烟馆、赌场甚至青楼等。当时石圳码头还有四个庄场（即粮仓），分别是赵、尹、范、杨四个地主办的，一度储粮（盐）达10余万斤。各路本村大户和来自外地的淘金客，在这里经营各种各样的买卖，服务过路的客商。而前后乡的人们也爱来石圳买东西和打听消息，所以整个石圳村曾经有一大半人是靠码头讨生活。

据村里的那位向导说，在清末民初最旺的年头，村里50多户人家中，就有30多户靠走溪河为生，有七八十艘用于运输的船、排，还有众多本地和外地的船（排）工，而村口那几株有五六百年树龄的古樟树和古银杏树，当时也都是船家系缆绳用的，至今树身上还留有痕迹。

有人的地方自然有江湖。这里曾经纸醉金迷：有许多来了石圳就需常年驻守的生意人和流落到此地青楼的烟花女，有过萍水相逢的感情。日复一日、年复一年，有的人老了，有的人离去了，只有漂泊在异乡的人的那颗孤独的心，从来都不曾冷却；这里也有刚下了码头的艄公，呼兄喝弟地

● 村中的布庄、金银店旧址；石圳庄场的旧址；村口的老樟树，曾经用来系缆绳

● 天后宫

聚在路边小酒馆里，数着刚刚到手的收入，盘算翻修老屋或者娶妻生子所需的各项费用。

这里也曾经有过惨烈的历史：清代政和文士宋士琛所写的《建郡松政被匪克复记略》一文，详细记述了清咸丰八年（1858年）三月初，太平天国农民军第二次入闽，在首领杨国宗等人的率领下攻陷政和，占据官湖、桐岭一带，与清廷官军及地方联军在官湖白亭、桐岭、石圳一带展开多场战斗——"官湖路上，尸积血流"。那确是一场双方死伤惨重的恶战，清廷派来的游击董联辉、县丞陈某、典史刘其宗以及邵屯联董尹世封等都被俘被杀，而太平军同样付出了惨重的代价。

这场战火烧毁了石圳的众多宅院，也使得许多生意人出逃，如今留下来的最出名的建筑物，要数林厝大院旧址和保存较好的赵厝老屋。林厝大院是明末清初时，以经营药铺、酒馆、茶馆和布店发家的林氏家族相继建造的三幢豪宅。而外观方方正正的赵厝老屋，则是当年一对村中姑嫂勤俭持家、以一己之力修建的颇负盛名的豪宅，也是唯一由女人当家的大院。

如今虽然已经很旧，但从其三厅堂三天井三后阁的规模来看，可想见当年的华丽和精致。

走在石圳村里，到处都是时光的痕迹：有些只剩了一道门墙的建筑背后，是整片的菜地或者已是百草园，只见五彩斑斓的蝴蝶扑腾着翅膀飞过人的眼前，与那粉红的野花和翠绿的野草自成一道风景。而村前村后和残垣断壁间静默的茶树，则诉说着一段过去的历史。

靠水吃饭的人有对平安和幸福的强烈渴望。在石圳村尾有一座始建于明万历三年（1575年），在清光绪十七年（1891年）重修的福兴寺，说明了这一点。这座庙是两寺合一的建筑：左殿为福兴寺，主祀三宝，两厢配祀十八罗汉和二十四天尊；右殿则是供奉着道教女神三位大奶夫人的临水宫。两殿之间仅隔一中壁，两殿左右墙壁遗存以《西游记》为主题的二十余幅壁画。而大殿前有一座原来两殿共用的戏台，供庙会时演戏之用。

在福建、浙江、江西和台湾、香港、澳门，包括东南亚华侨聚集的许多地区，陈靖姑、林九娘、李三娘这三位女神是极有影响力的，尤其在政和农村，几乎每个人出生后三到七天，都要举行请生诞（三旦），以感谢三位大奶。她们被看成惩恶扬善、护国佑民的"陆上女神"，与"海上女神"妈祖齐名。而在过去，经常出门讨生活的人，因为相信有三位女神庇佑，才会在满载着茶叶等货物远航时放下心来。为了增添祥瑞，在每年的正月十五陈夫人的诞辰日，村里还要举行大型的大奶巡迎活动，希望女神赐福和保佑全村。到如今这一活动已成为年俗。

一年年过去了，石圳村外的河水渐渐浅了，不再适合做漕运码头。时代也变了，各级公路已经四通八达，源源不断地将政和茶叶运往四面八方。石圳人直到20世纪80年代之前，还全靠渡船出入，因此交通颇不便利。80年代后，河面上建造起了一座索桥（俗称叮噹桥），石圳的渡船才正式宣告退出历史舞台。而那段漕运繁忙的历史再也不会重现了。

古码头的落幕改变了石圳的命运，这里的人们不再靠水吃饭，失去了运输优势。所以在改革开放后，村里大部分劳动力都外出谋生，留下来的大多是妇女和老人。一度，这个曾风光无限的吸金之地，房前屋后堆得到处是垃圾，用当地人的话说就是"30年间，村里的垃圾几乎没清理过，2米宽的进村路只剩不到1米"。尤其是原来的古溪渠，早已被掩埋，甚至浇上水泥，在上面修了路和民宅。

还是石圳村的女人们，拿出了当年赵家姑嫂修赵厝老屋时的劲头，一点一点，重修了环村1000多米的古溪渠，恢复了古井3口，并给上千米的下水道清淤。2年前，她们给这条古溪渠铺上鹅卵石，又引入河水，古溪重新环绕于村民的房前屋后，一下就恢复了这个山村的灵气。

石圳村如今因众多与茶相关的古迹和秀美的田园风光，成为远近闻名的"白茶小镇"，吸引着许多对政和历史

● 田园中的花

● 今日的石圳茶馆

好奇的人前来寻踪。而现在村里人趁政和白茶发展的契机，把古朴的石圳打造成了一个茶文化体验基地。有几家在政和颇有名气的茶企，都在此开起了茶馆与观光中心。

而今进入石圳村，只见那些古井、石臼、水车、古式鼓风机、蓑衣和旧式宫灯都在村道两旁安静迎人；走到田野中去，远望可见碧波荡漾的七星溪，有云烟在溪上飘荡，宛如一幅水墨画；村后是搭着棚架的瓜果园和大片茶园，各类茶、花、果、蔬都在田间一季季地生长和成熟。近百亩的田地中还开辟了茉莉花园，这是因为石屯是茉莉花之乡，而用茉莉花窨制政和的有机茶叶，就是上乘的茉莉花茶。前来体验的人可以在石圳的手工茶坊里亲自体验制作茉莉花茶的乐趣。

当然，最有吸引力的还是石圳的茶馆，无论你走进任何一家茶馆，都能品到原汁原味的政和白茶，还可倾听几百年来这里发生的各种故事，这对一心追求"诗和远方"的都市人来说，是一次绝佳的放松之行。

因茶而兴的古村石圳，披风历雨依旧初心不改。虽然我们无法眼见那一段商埠繁华，却可以在对政和白茶的追寻中，将这一缕茗香刻于心底。往事并不如烟，茶路历历在目，在如今的政和，还有不少乡镇仍沿用传统的生产和加工方式制作白茶，它们如今是何种情境呢？请看下一篇。

⑥

东平老茶村，
家家户户晾茶忙

　　一口高粱酒下去，我们就知道此处是东平无疑了。因为在闽浙一带，许多人都知道政和东平因为独特的地理位置而有好山好水，而这好山好水又产出了上等的美酒好茶，所以素来就有"茶乡酒镇"的声誉。

　　政和县东平镇，是一个拥有1800年历史的古镇，早在吴景帝永安三年（公元260年）就建置东平县。它位于政和县西北部，距县城35公里，东与松溪县毗邻，西部和北部与建阳县交界，南同建瓯县接壤，东南与石屯镇相接，总面积216.59平方公里。境内可分山地和河谷盆地两大部分：北部金峰山、龙井面、和尚顶与西部白石岚和南部香包顶构成弧形山地；东部属河谷盆地，地势低平，土壤肥沃，平均海拔210米，是全镇主要的耕作区。

由于政和县地势高低悬殊，形成华东地区独特的高山和平原二元地理气候，海拔在800米以上的高山区占全县面积的一半以上，所以四面环山的东平镇，是政和县唯一的小盆地，拥有特殊的小盆地气候。这里温暖湿润，极端最高气温为40.2℃，极端最低气温为零下8.5℃，年平均气温为18.3℃，平均年降水量为1636.5毫米，年无霜期为260天左右，对农作物的生长较为有利。

北宋时期，政和东平、高宅、长城、东衢、感化五里已是"北苑贡茶"的重要产地。团茶废、散茶兴，东平茶叶就在明清以后尤其是乾隆道光（1736-1850年）时期兴起，政府在福建实行宽松的茶政并规定唯一口岸及运输路线的方针，闽北因此出现了一个茶业鼎盛时期。清末政和才子、我们在前村宋氏祠堂内见到的那块"进士"牌匾的主人，即清光绪十二年（1886年）与其弟宋滋著一起荣登"一榜双进士"的宋滋兰，他在《杂兴十首》里写过这样的句子："昔年颇获利，一叶千金夸；粒粒田中颗，不如山上芽。"一首《种茶曲》更是描述了那些无水田而靠开荒种茶过上好日子的农民生活："茶无花，香满家；家无田，钱万千……"可见在清代，闽北的茶叶生产和茶农生活都十分红火。

宋滋兰生活的时期，正是政和县发现政和大白茶树良种和研制白毫银针的关键时期，政和白茶也是从此开始进入了高速发展期。在1912-1916年间，政和县每年生产的1000余担白茶全是外销，政和城关各茶行获利不少；1920年后，政和开始生产白牡丹，主要产区在东平、西津及长城一带。这时候，良种政和大白茶就发挥了突出作用。用它制成的高级白牡丹，呈深灰绿色，叶背披满银白茸毛，叶大芽肥，毫香鲜嫩，汤色晶莹透彻，味清甜鲜爽，耐泡。所以出口很受欢迎。

东平白牡丹，如今是市场上一块响当当的牌子，而它近百年的发展，一直和时代紧密相连。在中华人民共和国成立以前，政和县的茶叶生产、收购、加工和经营等，纯属个体商贩和茶商行为，国家并未设管理机构。在抗日战争的炮火声中，白茶运销受阻、农民到处避乱，整个白茶生产大幅度下滑，茶园也大面积抛荒，个体茶厂纷纷倒闭。

到了1952年，政和县人民政府设立茶叶指导站，负责全县茶叶生产和技术指导工作，当时茶叶收购由政和茶厂负责。到1956年，茶叶收购归农产品采购局负责，下设城关、东平、外屯、澄源茶叶收购站。1958年，县茶叶科成立。1960年2月，松溪、政和并县，成立松政县茶叶局。1962年8月，松政分县，成立政和县外贸局，负责全县茶叶生产、技术指导和收购工作，下设城关、东平、外屯、镇前、澄源5个茶叶收购站。在几度分合当中，东平都是重要的茶叶收购基地。

在恢复并扩大白茶生产的过程中，一些技术专家起到了不可忽视的作用。在1949年，福建协和大学园艺系毕业、曾担任过省立福安高级农业学校校长的李润梅就被福建省茶叶总公司指派到政和，筹建政和茶厂，并担任技术员。一开始，生产条件很艰苦，因为还没有固定场所，所以只能租用民宅做茶。李润梅只能在极其简陋的条件下，一面调查了解一面摸索，后来在1951年的春天恢复了政和茶叶生产，生产白毫银针、绿茶等。直到1952年，国营政和茶厂才开始筹建厂房。

1953年春天，正是春茶生产最忙碌的时候，中国茶叶学家、时任福建省茶叶进出口公司副处长的张天福，陪同时任农业厅厅长谢毕真到政和考察茶叶生产。由于当时的交通落后，两个人一路风尘仆仆，先坐船从松溪

● 东平人家几乎都用这种传统方式晾青

溯流而上，在西津下船时已经是半夜，只能在不远处的一个小庙中将就对付一晚。第二天一早，他们又徒步20公里走到政和。

在这种关心力度下，1954年，古老的政和县当时最漂亮的建筑、政和县唯一一家白茶生产企业政和茶厂的新厂房终于建成并投入使用。刚建立时，它属于福建茶叶进出口公司，后来被划归地方，改为政和国营茶厂。1958年，政和县又新建了国营政和稻香茶场，政和茶叶的种植和生产工作，宣告全面进入快车道。

那时候，政和白茶是统购统销。在20世纪80年代中期以前，茶叶属于国家严格管制的二类物资，国内所有茶叶购销企业均为国营，所以每年春天都是隶属于政和县茶业局的东平茶业站最忙碌的时候。这里的工作人员要收购白茶毛茶，而后调拨到政和茶厂进行加工，成品装箱后专卖到中国土产畜产福建茶叶进出口公司，再出口外销。从20世纪50年代到80年代末，县里两家国有茶企的生产量从每年不足100担逐步递增到每年近千担。再到后来，由于国家市场体制的改革，这两家茶厂先后走入困境，不得不改制，最后倒闭。东平白茶的发展重担，也被后来涌现的一批民企给接了过去。

● 东平的传统茶厂

　　如今的东平镇有茶山面积20000亩，年产茶叶10万担。近年来，政府先后在8个茶主产村片建立起1000公顷的优质高产无公害生态茶园，其中无公害认证为200公顷，有机认证为40公顷。全镇共有各类茶叶加工企业50余家，年加工生产茶叶5000吨，产值1.2亿元，其中白茶近1000吨，占全国白茶总产量的一半以上，成为全国最大的白茶生产基地。

　　这里家家户户都有自制白茶自家饮用的传统，生产和加工方法也是传统的。我们在东平镇上走访的几户茶农人家，都是用最传统的晾青筛将白茶晾在房前屋后以及自家楼顶，我伸手拨了一下，发现那半干的茶叶还带着一些弹性。

　　一位年纪在四十多岁的农妇告诉我们："用传统工艺做茶就是茶人常说的要'靠天吃饭'，所以天气的好坏对白茶质量是特别要紧的。因为和其他茶类相比，白茶的制作流程相对简单，不炒不揉，只有通过日光萎凋和室内通风处萎凋以达到其干燥的要求，这其中最关键的步骤就是萎凋。"

我顿时想起中国茶学专家、中国工程院院士陈宗懋在他主编的《中国茶叶大辞典》中对茶叶萎凋的注释："红茶、乌龙茶、白茶初制工艺的第一道工序。鲜叶摊在一定的设备和环境条件下，使其水分蒸发、体积缩小、叶质变软，其酶活性增强，引起内含物发生变化，促进茶叶品质的形成。主要工艺因素有温度、湿度、通风量、时间等，关键是掌握好水分变化和化学变化的程度"。由这个过程，可以想见，在所有茶类中萎凋时间最长的白茶，它的工艺控制难度是相当高的，对制茶人的水平要求也很高。

政和县茶业管理中心的工作人员，带我们前往政和县闽峰茶业有限公司。公司负责人、土生土长的东平镇凤头村村民张步瑞讲述起上世纪80年代的往事："我在1980年高中毕业后，到村里一边当小学代课老师，一边务农。因为我老家凤头村有很多茶园，1987年，我就开荒山种起了茶树。"由于当时茶叶市场的流通尚未放开，张步瑞的茶叶生意做得偷偷摸摸。他把收购来的茶叶，用拖拉机运到闽东的福安，有时则去邻近的建阳销售。他一边卖茶叶，一边向当地茶厂的师傅学习制茶技术。"学技术的目的，就是为了尽量克服白茶'靠天吃饭'的特点。"他总结说。

1991年，张步瑞在凤头村办起了白茶加工厂。办厂的第一年，厂里就卖出了上万公斤的茶叶，让他把办厂的钱都赚回来了。这一下调动起了凤头村村民的热情，他们大面积种茶，整个村的茶园面积在短短几年间新增了2500多亩，后来又带动周边的乡村也大量生产茶叶。到20世纪90年代中期，东平白牡丹的名气已经在东南亚和中国港澳市场打响。根据张步瑞的说法，如今在茶叶生产旺季时，东平镇市场上的茶青的每天交易额都在500万元以上，最多时，一天就有上千万元的交易。整个东平镇农民的收入中有一半来自茶叶。

"东平是传统的老茶区，你去哪里都看得到茶，就现在来说，要更上一层楼的难度是很大的。"张步瑞说得不错，实际上，东平很多村庄在茶叶生产机械化上的程度不高，基本上还是一家一户的作坊式生产，这样的技术水平还是不够的。

我们对东平的印象也印证了这一点：风景优美的古镇，群山连绵，好像一幅天然画卷，到处是茶园，但茶叶生产和组织管理形式较松散，一些小型茶厂的生产场地还是沿用计划经济时代的厂房。

因为茶，东平民间在几百年来有各种茶事活动，比如从江西传入政和，主要流行于东平、苏地等村的茶灯戏，其表演形式是用灯笼、茶篮、扇子、手帕、彩伞等道具，演出各种反映农村生活的戏剧，多是主题为男女爱情和悲欢离合的感情戏，以及各种宣扬伦理道德和善恶报应的伦理戏，唱词一般通俗易懂，表演时人们载歌载舞，在农村中老年观众中很受欢迎。

另外是非常有闽北特色的东平赶圩。这一习俗至今已有400多年历史，在闽北非常有名。每月农历的逢二与逢七日，都是东平的圩日，在当天，来自建瓯、建阳、松溪、政和四县市周边的上百个村庄的上万农民会聚集于此，进行各种农副土特产品的交易，其中的主要项目也还是茶叶交易，以及东平传统的小吃。

我们来时未赶上圩日，没有亲眼看到这个茶叶重镇的集日，但在当地村民的描述中，可以想象那种盛景——在"茶乡酒镇"绵延数里路的人头攒动中，一篓篓的白茶在一双双有经验的手的挑拣下，达成交易。那茶香酒熟、市声鼎沸的热闹，恐怕连当年名动京都的政和才子宋滋兰，也要感慨。

离开东平前，我们去了金峰山下的凤头村，那里是有400多年历史，号称是"华东之最"的百亩楠木林所在地。这片楠木林是整个华东地区保护最好、面积最大的原始楠木林，林中树木平均年龄为300多年，最古老的已有上千年，林间还常年栖息着白鹭。最难得的是，我们穿过楠木林时，居然发现不远处有一片茶园。一路同行的县茶业管理中心的工作人员开玩笑地说："现代人最爱听的就是无污染，如果用自然生态的角度来衡量的话，这片茶园的茶叶应该价格不菲。"我们都笑了起来，气氛一下子轻松了。

2004年时，时年已90多岁的张天福来到政和。他在政和茶厂建厂半个世纪后提笔沉吟，留下一句话："政和白牡丹名茶形、色、香、味独珍。"这是时代的回声，也是东平的茶之路。在人与茶紧密相联的岁月里，所有的往事已经消散，而甘苦都化作了杯中味。

一片茶的沉浮兴衰，说到底还是离不开一方水土一方人的演绎。且听一听远处的朗朗读书声吧，请走入下一篇。

● 位于凤头村的中国第一楠木林；古老的楠木上满布青苔

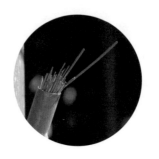

⑦

锦屏人犹在，
还望古茶楼

锦屏这个名字，给人的印象是一幅青山秀水的画卷。而锦屏这个地方的存在，也有它的神奇之处。

我们到锦屏的时间是下午两点。我们从政和县城出发，往城东行，沿省道204线往浙江省庆元县的方向走，到了政和县岭腰乡政府所在地，然后下了省道往景区公路又前进了20公里，就到锦屏村了。这是一个总人口不过2000人的小村，但历史文化底蕴极深厚。

从旅游地图上看，锦屏是福建省百个旅游名村之一，坐落在政和县最高峰——1598米的香炉尖脚下，离县城有40公里，再翻一座山就是浙江庆

● 锦屏村

元了。在当地人的描述中，它的原名叫遂应场，取"天遂人愿"之意，到清以后才改名为"锦屏"。

"因为我们村对面的南屏山，一年四季都有很好的风景，人只要开窗就像坐在画屏里，所以老祖宗们才定下这个名字。"听闻消息，已经专门出来接我们的锦屏村村主任、遂应茶叶专业合作社负责人叶功园来到村口，他带着我们，开始在村里转起来。

叶功园是土生土长的锦屏人，四十来岁，对这个地方的人文风俗和历史都了如指掌。他告诉我们："锦屏的茶很有名，但锦屏最早出名不是因为茶，而是因为银矿。"原来从南宋隆兴二年开始，官府就正式在这里开办官采银场，前后断断续续开采了三百多年，留下无数的矿洞矿坑。这些如今已经废弃的矿洞，走起来错综复杂，看上去洞中有洞、令人迷惑，洞穴岩壁上还有被火熏黑的痕迹。出于安全的考虑，叶功园没有带我们深入。

古人对锦屏有"八万采银工，三千买卖客"的描述，说的是宋元明三朝时，此地作为官银开采地的热闹。因为矿工以及来往采办的客商人数很多，这里就有了数十家专为这些外来人口服务的作坊、酒坊、商号等，让离乡背井的人在漂泊中得到暂时休息。到明中期以后，由于商品经济的发展，社会上普遍使用白银，官府对银矿的控制越来越严，而以采银为生的矿工生活也越来越艰难，最终导致在明正统七年（1442年），以浙江庆元人叶宗留为首的矿工起义爆发。

由于缺乏深厚的社会根基，这场起义在几年后就失败了，有关银矿的故事成为历史，而茶叶经济却渐渐兴旺了起来。有人说这是因为当年来往此地的客商中，有精于制茶者，看到这里漫山遍野都是奇枞，而锦屏人却不识，就把制茶的方法传给了村民。"也有说是仙人开示做茶的，那就是传说了。"叶功园笑着说。

其实真实的情况是，在清代，随着中国的贸易大宗商品茶叶在国际上占有越来越大的份额，并有了越来越多的消费者，中国制茶技术的传播范围也扩大了。从18世纪中晚期开始，红透欧洲的中国红茶工艺流传到了政和。在1826年，遂应场有一户叶氏人家，改进烟熏工艺，试着将这里仙岩山的小叶茶，通过萎凋、发酵、烘炒，制作出了一种红茶，口感鲜甜，于是将其运到武夷山下当武夷红茶（正山小种）贩卖。到了1874年，一位江西客商买了一批茶，结果发现这种无烟味的工夫茶十分独特（当年正山小种必须用烟熏制），于是一边扩大制作规模，一边将茶运到福州市场销售，一时竟大受欢迎。

这种红茶就是用当地小菜茶制作的"仙岩工夫茶"，也就是闽红三大工夫红茶之一——政和工夫的前身。到了1879年，政和铁山魏姓人家发现了野生政和大白茶，以压条法大量繁育。随后，遂应场村民叶滋翔以政和大白茶试制工夫红茶，最后将其正式定名为"政和工夫"，所以小小的锦屏村，正是著名的政和工夫红茶发源地。而现今市面上的政和工夫，既有用菜茶制作的小种红茶，也有用政和大白制作的工夫红茶。

　　锦屏仙岩山下至今生长着一棵老茶树，当地人称为"茶栲"。据说这棵树是政和现存的最古老的茶树，有400多年历史，还是在明朝万历年间栽种的。它树高3米，树干直径12公分，枝繁叶茂。为了令其复壮，近年人们已停止对其采摘，对其进行重点保护。"其实锦屏的茶树树龄一般都在百年以上，最晚都是在中华人民共和国成立前种的。这里小种茶有六百多亩，大白茶也有七八百亩。我的管辖面积总共是三万八千亩，茶园基本都分布在山沟里，你从每一条路走进去都会看到茶园。整个锦屏村总共有450户人家、2000多人，家家户户都有茶园。我有十几亩茶园，是最多的，其他人一般也有个五六亩。"叶功园如数家珍般地介绍着当地的茶园情况。

● 制作仙岩工夫茶的原生种茶树；叶功园

他认为是锦屏独特的地理和气候成就了这里的茶叶——锦屏属亚热带高山区季风性湿润气候，海拔多在700-800米，雨量充沛，年平均降水量在1926毫米左右，年平均气温大至为14.7℃，年平均无霜期大至为212天，年均日照时长约为1907小时，所以最宜茶树生长。

带着锦屏人的骄傲，他提到了当年锦屏的盛况——锦屏所产红茶品质特佳，当时运到福州茶行备受青睐，售价很高。因此，福州茶行每年要等这里的红茶上市后才开市定价。据有关资料记载，当年仅1000多人的锦屏村，却拥有如"万新丰"、"瑞先春"、"万福丰"这样有名号的茶行20余家，家庭作坊式的茶坊则多达数十家，年出产红茶万余箱（每箱25公斤），销往欧洲及中国港澳地区的约有2000箱。据村里老人的说法，当年遂应场各茶庄的出口茶一是由水路运至福州，经由外国人设置办事处或商行收购出口；二是由陆路运至福安赛岐港口，海运到国外。总之大部分用于出口，内销很少，因为价格很高。

19世纪中叶，锦屏茶最高年产量曾达一万多担，甚至畅销到出现冒牌货，于是有了英文版的政和工夫打假声明（该声明是锦屏大茶号万先春茶行得到仿冒消息后，着手注册厂名和商品标志，并在外国茶商中广为传发的一张"政和工夫商标声明"海报，其印制于1926年，现被当地人私人收藏）。"其实说起来，政和白茶和政和工夫是政和茶业的左右手，它们都是中国茶畅销世界的见证。"叶功园感慨地说。

在曲折古朴的锦屏村深处，我们推开了一座四层木结构老屋的大门，这就是村里保存最完好的一座清代茶楼了。过去的茶楼并不像现在我们所理解的那样只是喝茶的地方，它其实是集收购、制作加工、销售为一体的茶业专营场所。整座茶楼用木板隔成四层楼，分别是拣茶、晾茶、制茶和烘焙的场所，人踩到木质的楼板上，就能听见这浸透了岁月的地面，发出

● 清代古茶楼

嘎吱之声。我们抬头仰望时，那一百多年的光阴好像和着微弱的光线在起伏升腾，那些尘封已久的茶箱、茶筐、茶篮、茶笼、茶匾……就像一部老电影，映出了穿越时空的镜头：忙碌的过秤、快速的拣剔、不断的交谈中，一缕缕茶香正渐渐氤氲、飘向远方。

"这么多年来，锦屏人家家户户都会做茶，但现在一年要做多少吨茶要看情况、看需求而定。因为现在茶叶的价格受工艺也受品种影响，锦屏村的茶园里现在有福安大白、政和大白、梅占、金观音等各个不同的茶叶品种，我们在制作时，只能用手工采摘，规模不大。茶叶是村里的经济支柱之一，村民人均年收入约有五六千元，不算富裕，但也过得去，因为锦屏人一直安居乐业，心态很好。"叶功园说。

廊桥多是政和的一大特色。据《政和县志》记载，政和曾有古桥235座，其中绝大多数为廊桥，现存有各类廊桥100余座。在锦屏村里就有一座回龙桥，为八字撑木拱廊桥，始建于宋元年间，现在的建筑是清乾隆二十七年（1762年）所重建，1982年时又经过重修。整个桥长24米，宽5米，净跨14.5米，廊高4.2米，我们走进去就看见供奉着佛像的神龛，写着"普渡慈航"，贡桌上的香火显示这里刚刚有人祭拜过。

而廊桥对以茶为生的政和人来说有着不一般的意义。这些桥大多在显著位置设有神龛，祭祀观音、临水夫人、真武大帝、门神、财神或茶神。在锦屏村的另一座廊桥水尾桥上，人们把真武大帝奉为百姓和茶叶的保护神。因为在当地有个典故叫"乌换白"，指的是在过去，锦屏仙岩茶一年可以从"清明"到"白露"采茶三次（现在是每年一次）。茶农每次出门卖茶叶，换回白银都会经水尾桥回家。所以在清末民初，每逢茶市开市，或农历三月三和五月五，茶农们都早早从四面八方聚集到锦屏水尾桥上，摆上供品，点上香火，虔诚祭祀。这种祭祀分早、中、晚三次：早晨祭早茶神，中午祭日茶神，夜晚祭晚茶神。祭品以茶为主，也会放些糍粑及纸钱之类。主祭者口中会念念有词："茶树茶树快快长，茶叶长得青又亮。真武大帝多保佑，锦屏产茶千万担。"之后，从四面八方赶来的善男信女，放下手中的茶筐，虔诚叩地，上香敬酒，祈祷来年茶叶丰收。

另外，你若以为这里多制茶人家、又曾茶商云集就不重视教育的话，那可就大错特错了。早在宋朝时，此处就创建了南屏山书院，名噪一时，一代大儒朱熹曾在此留下诗句。他还在这里的溪水中洗过笔，所以留下了一口"文公潭"（"文公"是朱熹的谥号）。一直以来，人口不多的锦屏村却有自己的村办小学，村民人人重视子女的学业。就在村尾的廊桥边，有一棵高达49米的杉树，是福建省最高的树王，被称为"杉木王"，但村民更习惯称其为"状元树"。因为这些年来，锦屏村出了100多名大学生，有几人还考入了北京大学，大家都认为是这棵巨大的"杉木王"给村子带来了福气。

作为福建省大名鼎鼎的文化古村落，如今的锦屏正在深度开发乡村游。叶功园告诉我们，这里未来会从茶文化着手举办相关的体验活动。也许是为了证明这一点，在我们就要离开政和的时候，他带我们登上了村头

● 回龙桥；古茶道

的古茶道——那是一条在古代，闽北通往闽东的必经之路。过去的闽北经济不发达、交通闭塞，但锦屏却因地处闽北、闽东、浙南的交界处而有数条官道穿境而过，所以是当时的重要交通枢纽地。那时候，无论是销往外地的政和茶，还是送往京城的白银以及从闽东进来的食盐，都要从这条古道中穿过，也留下一段段人间的悲欢离合。

"水驻深山成秀丽，长居高宇得精灵。

仙姿难隐风流质，国色天香盖世茗。"

这是1926年的政和茶叶英文版外包装上印的一首诗，我们在看着脚下这条伸向远处山林、布满青苔的崎岖古茶道时竟然脱口而出，许是因为这里的每一块石头、每一株茶树都和千百年来政和由北苑贡茶发展至今日的变迁有关吧。而生在政和、对这里有着很深感情的朱熹也留下过一首《瑞岩岩中》，其文如下：

"踏破千林黄叶堆，林间台殿灪崔嵬，

谷泉喷薄秋逾响，山势空濛画中垂，

一壑祇令藏胜槩，三生畴昔记曾来，

解衣正作留连计，未许山灵便即回。"

原来茶的故事，就是人的命运，也是家国河山的前世今生。

8

古郡建阳，
从建茶、建水到建盏

竹外桃花三两枝，

春江水暖鸭先知。

蒌蒿满地芦芽短，

正是河豚欲上时。

春天的江水在船桨一下接一下有节奏的撞击中，一路劈开白浪；而暖风行于水面又穿过岸两边的竹林，传来幽幽的回声。"这一切多好啊！"站在船头的人心动了一下，他拿出纸和笔，一气呵成，画下一幅后来极其有名的鸭戏图。而比他晚出生一些时日却更有名气的王安石、苏轼和黄庭坚都是他的粉丝，尤其是苏轼，还专门在元丰八年（1085年），为他所绘的风景作了题画，就是脍炙人口的《春江晚景》。

这个船上的人是谁？他是北宋僧人、画家和诗人，福建建阳人惠崇，他一生着墨最多的，正是古称建州的闽北建阳，因为这里景色如画，又有源远流长的建茶之风。

是的，说建阳，就必须要说建茶。中国茶发展有一段绕不开的历史，即"北苑贡茶"的历史。资料显示，在北宋年间，制作北苑贡茶的茶区有1336焙，其中32焙为朝廷官办，分别分布在今建溪流域的建瓯、建阳、政和和南平等县市，但以建瓯市境内的凤凰山（东峰镇）一带的东山14焙的北苑龙焙为核心。北宋历代君主对"北苑贡茶"的追求之甚，最终带动了一个时代的制茶、饮茶和斗茶之风。

中国人很早就饮茶了，中国皇家统治者也很早就把茶作为养生饮品，但是在宋代以前，国内的"贡焙"地点不在建州而在顾渚（今浙江长兴）。所以《茶经》的作者唐人陆羽在《茶经》中记述道，我国最南的茶叶产地，只有"思（今贵州务川）、播（贵州遵义）、费（贵州德江）、夷（贵州石阡）、鄂（湖北武昌）、袁、吉（江西吉安）、福、建、象"等10个州。而他补充说："福州、建州等十一州未详，往往得之，其味极佳。"这说明这一时期的建茶出品并不多，人们只能偶尔品尝。

这种情况从五代南唐时期人们在建安凤凰山（今建瓯东部）创建"龙焙"开始有所改变，到宋代就被根本逆转了。因为从北宋开年我国就进入了历史上的一个寒冷期，位于太湖流域的顾渚虽然离宋都汴京（今河南开封）更近，但冬天实在太冷，山林都被冰封，冰面上结实得能走马车。因此此地的明前春茶的供应就出了问题。如果继续在顾渚贡焙采造贡茶，就很难在清明前贡给皇家了，皇帝也将没茶可喝。那怎么行？只能另辟蹊径。

就在这样的背景下，太平兴国二年（977年），宋太宗赵光义下诏"置龙凤模，以别庶饮"。而此时的建州人在蒸青研膏、蜡面的基础上，制作了蒸青大小龙凤团茶，很得皇帝赏识。于是贡焙正式由顾渚改置北苑，而顾渚方面则"自建茶入贡，阳羡不复研膏"。闽北建茶，开始独步天下。

我们今天说的建茶，其实包含闽北很大一块区域，它包含闽北建溪两岸的建瓯、延平及其上游的武夷山、建阳、浦城、松溪、政和等地所产之茶。而建瓯和建阳，是其中核心之地。20世纪80年代文物普查时，人们在建瓯市东峰镇裴桥村焙前自然村西约2千米的林垅山发现了一处摩崖石刻，上面有对宋代茶事的记录："东东宫，西幽湖，南新会，北溪，属三十二官焙。"这是北宋漕臣柯适的题记，他所记"东、西、南、北"指北苑三十二焙四至方位，东宫、幽湖、新会为官焙名称。其中东宫在今政和县的西面；西幽湖（应北幽湖）在今建阳市的小湖方向；南新会在今建瓯市的小桥镇一带。

北苑官焙的建茶是有等级之分的。在当代茶学专家陈宗懋先生主编的《中国茶叶大辞典》中有记：北苑凤凰山一带的官焙有龙焙、正焙、内焙、外焙、浅焙之分。龙焙焙制专供皇帝御品，内焙焙制供皇帝赏赐皇亲国戚或大臣，外焙和浅焙一般用于朝廷奖赏功臣和学子。可见，茶焙等级森严，不是大家可以随便喝的。

至于进贡的建茶品种，翻阅熊蕃的《宣和北苑贡茶录》，我们就知道，在宋太宗即位的太平兴国初年，北苑贡焙只有龙凤团茶一种，后来慢慢丰富，又造石乳、的乳、白乳等品种。之后从宋仁宗一直到宋哲宗，贡茶的讲究日渐繁多，再到大名鼎鼎的才子宋徽宗当皇帝以后，就更不得了了。宋徽宗喜欢白色，崇尚白茶，就把白茶放到了第一位。

其实建茶的繁荣，一方面扩大了宋人喜好的团茶的制作中心，从江南地区到闽北建州，另外它也带动了闽北的茶叶贸易，使得建茶后来成为闽茶的带头力量，走在了生产改革和技术升级的时代前沿。此外，由于宋徽宗赵佶的个人喜好，最后出现了名满天下的建窑建盏——这是一种因"斗茶"而出现的专业茶具。因为宋代从徽宗当皇帝开始就追求茶汤色白，认为茶汤"似雪"、"胜雪"就是最好，所以一般人都认为点茶后在茶面上形成的浮沫，以色白和持久为优，这样建安产的黑釉茶盏就成为当时上流社会的最爱——因为它不仅利于观察茶汤上面的浮沫，更是衬托茶色之白最好的器具。

从政和到建阳路程并不远，我们车行不到两个小时就进入了建阳地界。而最先让我们吃了一惊的，就是建盏的发源地建阳水吉镇后井村附近

● 北宋−赵佶，文会图−台北故宫博物院（局部）

● 建盏残片；南宋建窑黑釉兔毫茶盏

的山坡上的古窑址。里面到处都是碎瓷片和残钵，可以想象数百年前这里有过"百窑相连，窑工数千，窑火昼夜不熄"的情景。据说从20世纪90年代开始，水吉就出现了一些专业的"挖盏人"，他们把这些从田里和山上随手捡拾的黑色茶碗卖到城里的旧物商店。而当年因为没有多少人了解、重视建盏的历史，其交易价格往往很低。

赵佶在《大观茶论》中对建盏的看法是："盏色贵青黑，玉毫条达者为上"。他认为青黑色的茶盏最好，如果更理想一点，其还应该在月光下折射兔毫般的光泽，这就是如今人们说的兔毫盏了。所以如今从建盏窑址出土的宋盏，大部分都是兔毫盏，以及少数的油滴盏，其釉面密布着金属光泽的小圆点，形似油滴，国内学术界一般使用其宋代时的叫法——鹧鸪斑，其中的珍品堪称国宝。

就在2016年9月举行的纽约佳士得专场拍卖会上，一只来自日本黑田家–安宅收藏的建窑油滴盏（黑田家的先祖是日本战国时代将领，是丰臣秀吉手下，与日本茶圣千利休是好友），以估价150万-250万美元上拍，最终以远超预估价的1030万美元落锤，加上佣金共计1170.3万美元，以当日汇率折合人民币约为7807万元，刷新了有史以来的建盏拍卖世界纪录。这恐怕是对北宋风华的最高注解了。

除东方之外，建盏在西洋也有一段异遇。宋亡以后，象征大宋光彩的建盏一度流到欧洲，引起了上流社会的追逐，而使其"价值与黄金相等"。到了1935年，考古爱好者、时任美国驻中国福州海关官员的詹姆斯·马歇尔·普拉曼到芦花坪建窑遗址考察，看到后井村一位农妇用建盏泡建茶招待客人，普拉曼惊诧不已。于是他走遍建窑遗址周边山头，小心翼翼地挖出不少残碗、匣钵、垫饼及带有各式各样斑纹的残片，还雇了几个农民帮他一起挖。最终，普拉曼带着整整8箩筐的瓷件，回到了美国。

这一段经历，让普拉曼从一个驻华海军官员摇身变成了一名陶瓷艺术家。回国后，他写成《建盏研究》，并发表在《伦敦最新新闻插图》上，轰动一时。1972年，他的著作《建窑研究》在日本出版。

我们当然没有这样的奇遇。但是在水吉镇芦花坪一座裸露的山腰上，我们见到了国家级保护文物——约130多米的全国最长的建窑龙窑窑址。它依山而筑，已被现代的粉墙和木门保护了起来，并由专人看守。

我们在龙窑寻访，正好碰上建阳电视台在做专题拍摄。一位对建盏历史颇有研究的当地记者告诉我们，已经发掘的龙窑遗址只是当年规模的一部分。因为在宋代，这里终年窑火不断，到处是慕名而来的商人，这里为了保证大批量的供应，当时一窑装烧量高达10万件。

设置在山坡上倾斜的龙窑非常安静，在厚厚的黄土、砖壁中掺着破碎的建盏残片，在阳光下依旧黑亮如初，好像建窑被中断的800年历史不曾有过——由于北宋亡国，徽宗和他的宗亲基本都被掳走，建窑日益飘摇；后代的明朝统治者朱元璋吸取了历史教训，宣布罢废极耗民力和财力的龙凤团茶，改兴散茶，于是斗茶、点茶之风在社会上消退，由此建盏产量锐减，直至停烧。

我们在建阳市区，访问专营建盏的一条文化街上的商户，发现这里许多人都有自己烧盏的窑口，当然这些现代的建盏，主要是大众喜闻乐见也能承受得起其价格的工艺品。建盏商行的经营者们说，建阳因在20世纪80年代改革开放后研制仿古建盏成功，至今仿古建盏已成为水吉镇的特色文化产业。而建盏复兴后，在2011年5月，建窑建盏烧制技艺得到国务院批准，被列入第三批国家级非物质文化遗产名录。

"说建茶不能离开建盏，而建水流遍古老的闽北，让建茶为全国所知。"一直研究建阳茶史的原建阳市茶业局局长林今团说，"建阳在建溪上游，武夷山南麓，始建于汉朝建安八年（203年），是福建省最古老的五个县邑之一。我们现在的建阳城区分为三块，水西、水南和水北，建阳城区内有两条河，一条是从麻沙黄坑下来的，一条是从武夷山下来的。我们刚才经过了麻沙江，现在去看一看茶马溪。"

林今团口中的茶马溪在建阳莒口镇的茶埠村。我们在村主任的带领下，往当年运茶的古码头走去，可惜码头边留下踪迹的青石板，已经随着河床抬高，被湮没了。村主任指着一片茫茫的水域说："这就是过去的码头古道（茶马古道），现在基本快看不到了，都被茶马溪水给覆没了。茶埠村过去有几个码头，这一个是比较大的，你们看旁边种的都是百年以上的老枞，而且是小叶菜茶的品种。"

茶马溪缘何得名？有什么作用？这位姓徐的村主任解释说，由于历史上建阳的茶事兴盛，到处是茶园，而外地客商来采购就要斗茶，看谁家的茶汤色更白就买谁的。而当时的闽北没有陆路，只有水路，茶马溪的水是直接通到建阳马埠一带的，所以就被称作茶马溪，这段河水最终是汇入了麻阳溪。"以前的人把茶叶运到马埠就可以走陆路了,然后将茶叶运往福州港出口。在清代时交易量特别大。这道山翻过去就是书坊村的地界,以前都有古道,两边物资尤其是茶叶要经茶埠的水路运出去。还有书坊村的茶商,要在当地将茶叶经过粗加工后,运到这里再次加工,所以茶埠是一个很大的茶叶中转集散地。"

我们站在高处眺望,耳边响起朱熹茶诗中的句子"无事一往来"、"一啜夜窗寒"。想当年,这位名满天下的教育家,曾经往返于建阳莒口和武夷山五夫之间,每次途经将口镇东田村,总要与隐居的邱子野(宋代隐士,别号芹溪处士)饮当地名茶并谈诗论赋。邱子野在《云岩记》中记载了云岩山有成片的"茶坡"、"茶坂"。这些茶,是在他之前隐居的方士翁及其道徒开垦种植的。而正是由于北苑和云岩名茶的推动,茶埠等地后来创制了与北苑绝品"特细"相对的"特粗"贡茶。

● 茶马溪

● 古村中曾经到处是商行

我们一行人走在茶埠村里，只见清代时曾是茶叶和其他土特产品集散市场的古街上，已经很少有人居住，剩下的多是危房。在经过一幢看上去保存稍好的二层木楼时，我们往里看，还依稀辨得出当年柜台的位置。村主任带我们在一口双眼古井边停下。据他的陈述，这口古井原是村里的风水井，井水在历史上曾被用作"斗茶"，到现在井水依旧清冽并且还是活水，有鱼在中间穿梭。而看似随意垫在井边的两块基石，居然是明朝嘉靖和天启年间的古墓碑。

因为对白茶的寻访，我们在古风盎然的建阳驻足一天一夜，了解了这个作为白牡丹和贡眉白茶原产地的老茶区，古往今来的变化和踪迹。又在众多的历史线索中，眼见了水吉建窑遗址、清代茶贸中枢水吉老街、水仙白的发源地水吉大湖村以及位于书坊村的中国最老水仙茶树王，最后我们走进了当年人称"万担茶乡"，也是贡眉白茶的发源地的漳墩镇南坑村，去听那里过去的故事。

还会有多少未知等待我们发掘？还有多少白茶的史实未被彻底还原？这种种问题的答案，或许你要翻开下一篇文章才能得到解答。

9

漳墩的流水和那年的南坑白

锦绣河山美如画，

祖国建设跨骏马，

我当个石油工人多荣耀，

头戴铝盔走天涯。

……

我们走进漳墩，听到最多的就是它在20世纪那个火热的革命年代里，成为中国"万担茶乡"的光荣往事。那份激情飞扬和当年风行神州的红色歌曲一起，唱响在闽北的田间地头。

漳墩镇是中国贡眉白茶的故乡。早在民国十八年（1929年）版的《建瓯县志》中就有记载："白毫茶，出西乡，紫溪（今建阳县小湖、漳墩乡和水吉镇部分及建瓯县龙村部分）二里……"。这里的白毫茶就是漳墩镇南坑村肖姓村民用菜茶品种制作的白茶，因其发源地而得名，叫南坑白，当地老百姓俗称它小白或白子。而《水吉志》则记载："白茶"在水吉紫溪里（今建阳市漳墩镇南坑）问世，创制约在乾隆三十七年（1772年）到乾隆四十七年（1782年）这段时间。

事实上，南坑在宋时已被列入北苑茶属区。元大德（1297年）后，北苑渐废而武夷兴，南坑茶便被列入武夷茶区，所产都归入武夷茶。清嘉庆时期（1795–1820年）华茶年均出口量为五千余万两，武夷茶占七分之一，最高峰时占华茶输出的四分之三，作为武夷茶产区一部分的"南坑茶"也得到快速发展。

但由于1773年"波士顿毁茶事件"的影响，南坑茶的出口量随武夷茶一起急剧下降。茶商为了生活也为了节省成本和劳力，就开始采取"半晒半晾"的手法，不炒不揉，制成品质独特的"南坑白"。在清代相当长的一段时期内，漳墩的南坑白茶都是通过小河运到水吉码头去集散，而同治十三年（1874年），左宗棠给皇帝奏疏里提到的"白毫"也正是它。

漳墩镇现在的茶园面积近3万亩，主要品种有菜茶、福安大白、福云六号、水仙等，现年产白茶600多吨。在计划经济时期，漳墩白茶出口量占全市茶叶出口总量的70%左右，其产量占全省白茶产量的60%以上。而直到1985年，福建白茶的出口量占全国茶叶出口量的85%，其中过半源自建阳，而建阳茶厂的毛茶原料则90%出自漳墩。由于每年以生产大量的白茶创汇，当时的漳墩风光无限。"我们漳墩以前被叫作'万担茶乡'，是全省第一个万担茶乡，曾经整个港澳地区及东南亚市场的白茶都来自我们这里。20世纪80年代时，你站在高处看得到的山，都是茶园，现在很多都荒掉了。以前建阳茶厂的白茶主要靠漳墩供应原料，茶厂加工完以后的白茶供应给省进出口公司，进出口公司再供应给香港。"面对我们侃侃而谈的叶赞喜，是建阳兴业茶厂（漳白茶业有限公司）的负责人，也是土生土长的漳墩本地人。他做茶已经有28年。我们来的时候，正赶上春茶生产的尾声，厂里还有十几个拣茶女工，正在紧张地工作。

回忆年轻时，叶赞喜坦率地说："我就是当地的农民，从1987年开始供应毛茶给国营的建阳茶厂，后来政策放开，谁都可以做了，建阳茶厂就解体了。之后因为私人可以做，我就在1997年办了乡镇企业，做的白茶供应给福建茶叶进出口公司，一直做到现在。"

在兴业茶厂内，我们还见到了叶赞喜口中的"师傅"——建阳白茶技术专家、原建阳茶厂厂长吴麟。他正和叶赞喜讨论今年的水仙白茶研制和生产。刚刚退休不久的吴麟，年龄和叶赞喜差不多，但整个人显得很年轻。他告诉我们，自己是福州人，在建瓯长大，当年正是因建阳白茶的发展，才进了建阳茶厂。

"我们建阳茶厂成立的时候是1972年，但是正规的选址和搞基建是1974年了，到1976年开始招工。茶厂以南平地区供销社的名义在全地区招工，我就是其中被招收的青年之一。那时的建阳茶厂完全是按计划加工、生产、调拨，主要承担白茶和闽北乌龙茶以及烘青绿茶的生产任务。我们进厂后，是作为建阳茶厂未来的骨干被培训的。我在培训中主要跟原省茶检中心的专家、建瓯茶厂厂长陈国禧（时任建瓯茶厂技术科长）学习白茶的审评、拼配和加工，前后一共学习了两年。"吴麟说。

学茶过程中，吴麟还曾受益于在原福建茶叶进出口公司从业达67年之久、曾任福建省茶叶学会第一届秘书长的老茶人吴永凯，20世纪70年代末，吴永凯在刚成立的建阳县茶厂担任白茶出口加工技术顾问，一边带新人，一边研究提高白茶的生产技术和效率的方法。吴麟在见到与我们同行的原福建省茶检中心主任陈金水后，感慨万千地提起这位老师："我师傅吴永凯本是省外贸公司专门搞白茶生产的，那时来建阳驻厂指导，对建阳白茶的贡献很大。像我们五六十岁的这一代人，都是他们这些老一辈的专家带出来的。"

● 漳墩过去是"万担茶乡"

回忆起建阳白茶的黄金时代，让吴麟激动又遗憾。他告诉我们，在计划经济的早期，闽北地区的茶叶精制生产主要集中在建瓯茶厂，包括武夷岩茶、白茶、正山小种和闽北乌龙等。之后因为各个品种的茶叶生产数量实在发展太快，加工受到了限制，才逐步分出到其他地

● 原建阳茶厂厂长吴麟

区的茶厂，而建阳茶厂的成立，正是因为承担了中国白茶的加工任务。

其实"文革"期间的建瓯茶厂加工白茶时，其加工产品统一被称为"中国白茶"。为什么叫中国白茶？因为国家计划经济时期，闽北各地所有的白茶按计划被调送到建瓯加工，"文革"时期为了简化产品结构，省外贸茶叶进出口公司与建瓯茶厂协同创新，通过对大、小白不同比例的拼配，做成一个产品进行出口，称之为"中国白茶"。1979年建阳茶厂建成投产后，在吴永凯老师指导下，茶厂恢复了传统白茶的做法，把小茶和大茶分开，重新恢复了"贡眉"、"寿眉"和"白牡丹"的生产。这一段历史，至今已很少有人记得清楚，但这正是在吴麟的青春岁月中，让他最难忘怀的一段经历。在他看来，如今争论不休的白茶生产地域，在20世纪70年代末是这样分布的："1979年以前闽北所有白茶归建瓯茶厂生产。建阳茶厂在1979年建成投产，白茶从集中在一起加工到分开各自加工，政和茶厂生产'白牡丹'，而建阳茶厂则生产'贡眉'、'寿眉'和'水仙白'"。建阳是福建白茶主要产区之一，白茶的首个福建省地方标准也是由建阳地方制定起草的。

漳墩"万担茶乡"的地位保持到了1980年。从1981年开始，建阳白茶的生产量一下跌到了四千多担，比最高峰时的一万三千担，少了三分之二。这是因为当时整个社会经济正在走上坡路，白茶出口销售市场对产品的要求也相应提高了。而建阳地区的中低端白茶数量过多，与现实的消费需求产生了错位，结果便造成了市场积压。茶叶卖不出去，出口受到限制，政府出台一系列政策鼓励茶农改种绿茶，国家拿一部分钱来补贴，进行白改绿计划，曾一度将闽北崇安、顺昌、建瓯等几个地区的绿茶都归到建阳生产，加工成窨制茉莉花茶要用的烘青绿茶坯，当时称其为"武夷烘青"。建阳茶厂用武夷烘青生产的茉莉花茶，花香浓郁、鲜灵，一度在北京市场影响很大。

　　从1987年到1991年，吴麟一直担任建阳茶厂的厂长。1991年以后，他受上级调动离开茶厂，却没想到过了不几年，占地面积有两百四十多亩，最高峰时正式职工达五百多人的建阳茶厂居然倒闭了。这时候一直给建阳茶厂供货的叶赞喜等人开办了个体茶厂，成为建阳地区最早的一批私营茶企业主。

　　在白茶销路不畅的环境下，建阳茶农的生产积极性曾经受挫，有些人甚至把茶树砍了种毛竹，但这其实无济于事。"因为根本的问题是技术水平跟不上市场要求，我们必须在产品上想办法。"叶赞喜摇了摇头。

● 叶赞喜

●在兴业茶厂，我们审评叶赞喜刚做出来的几种白茶

兴业茶厂从开办至今一直以生产白牡丹、水仙白和贡眉为主。而漳墩虽是贡眉原产地，但贡眉的茶青来源却总让叶赞喜犯愁："做贡眉'小白'要当地的菜茶。但是你看这些年，一开始大家不愿意种茶，到后来白茶销路好转了，漳墩的茶园又都改种福安大白，因为它一亩能达到几百斤的产量，而小菜茶一亩只有五六十斤的产量，效益根本没法比。而且用大白茶制成的产品卖相好，出口时更受欢迎，所以前些年，茶农陆续挖了自家的菜茶改种大白茶。我们漳墩现有福安大白茶七八千亩，小菜茶恐怕就只有千亩左右。更可惜的是，像贡眉白茶的原产地南坑，茶园已经很少了。"

由于福鼎白茶的市场推动，近些年，整个中国的白茶由全部外销渐渐发展到国内热销。这也带动了政和白茶和建阳白茶的重新崛起。而建阳白茶的传统优势品种贡眉和水仙白，在恢复中正努力地发展。

我们在兴业茶厂的二楼办公室，一字排开老叶今年做的白茶，吴麟认真地抓起茶叶，先看外形，然后开汤审评。他给我们讲解建阳贡眉和水仙白生产的技术要点："建阳地区的大白茶以水仙白为主，但是因为受到自然天气条件和生产工艺、生产设备的约束，基本属于靠天吃饭的状态。比如说到了春季，今年天气好，做出的茶叶就很漂亮；如果天气不好，茶叶就黑黑红红的很不好看。相对而言，贡眉因为叶张薄，比较好控制一点，而水仙茶的叶张、芽头中的水分要比一般茶叶的含水量高，做茶叶就很难。"

过去制作水仙白最大的问题是什么？容易发黄。所以在吴麟和他更上一代人的经验里，水仙白往往呈现偏黄绿色的特征，就是因为当年没有理想的工艺去处理。他笑了笑说："现在水仙白做出来的颜色就好多了，因为有了现代工艺的技术，比如抽湿和加温萎凋，可控制在一定的时间内让它的水分尽快散失。而过去做不到，所以做出的白茶偏黄。"

从2014年开始，建阳政府专门拨款对白茶工艺进行恢复，吴麟作为主要专家，负责水仙白恢复传统工艺的试制任务，已获成功。在与我们的交流中，他表示目前建阳水仙白的发展势头很好，像叶赞喜的茶厂，一年生产量能达到几千担。这一方面是因为设备的改进提高了茶叶品质，另一方面还是内外销的形势近年不断转好所带来的市场结果。在总结水仙白的口感特征时，吴麟的观点是："你别看水仙白制作的白牡丹和其他品种制作的白牡丹外形看起来相似，它的口感和回甘程度却优于其他品种制作的白牡丹，有一种很爽口的清甜感，特别是做好之后放一段时间，味道更好。而这是由水仙茶的品种特征所决定的。"

2016年春天的雨水特别多，让叶赞喜很是为难，因为他一年中虽做春、夏、秋三季茶，但主要的收益来自春茶。"像这几天这种阴雨天气，我们用传统方法做贡眉一般要晾七天才会干，做水仙白又担心会红掉。"

他有些无奈地解释道。而这段时间也正是老叶最忙的时候，每天清晨五点半就起床，到晚上十点半以后才能休息。

做了几十年的茶，老叶说虽然做茶远没有做其他生意赚钱，但对出身农民、祖祖辈辈都只会做茶的他来说，每天只要摸到茶叶就觉得心里舒服。老叶的徒弟也是他的女婿，跟在他身边二十多年了，两个人配合很默契。老叶自己负责把关生产，女婿则负责收购毛茶、联系业务以及运货。他们的生活就像中国千千万万的农民一样，在日复一日的单调活动中消逝。

曾经在外销市场红极一时的建阳白茶，如今在中国白茶几大主产区中的市场占有率却是最低的，这是一个摆在这个从"北苑贡茶"开始就名声响亮的古老茶区面前的难题。悠悠一千多年的建茶岁月，像兴业茶厂楼下的河水一样从我们面前流过，风声树影中，却不见当年的建阳人熊蕃父子在撰写《宣和北苑贡茶录》时的怡然。

中国白茶，肇始于富贵、兴盛于风雨、改革在红色峥嵘的岁月，走遍了世界的许多国家和地区。尤其是在海外华人的记忆里，有着独特功能的白茶，是他们漂洋过海时的一份慰藉。在2012年3月，"建阳白茶"商标经国家工商总局认定为地理标志证明商标，既实现了建阳市地理标志证明商标零的突破，也让建阳人重拾对建茶的信心。此番情景，若是一生嗜茶的朱熹重回人间看到，是否又该吟一首新时代的饮茶诗呢？

"小园茶树数千章，走寄萌芽初得尝。

虽无山顶烟岗润，亦有灵源一派香。"

⑩

白琳茶厂，
新工艺白茶诞生记

我们在本书第一章已经说过，传统的中国白茶是指白毫银针、白
牡丹、贡眉、寿眉和水仙白，但同时，就在20世纪60年代末，
由于国家茶叶出口创汇的需要，位于闽东的福鼎为适应港澳市场的需求，
曾专门投入研发经费和组织技术人员，研制出了与各类传统白茶都不相同
的新工艺白茶。很多人至今对新工艺白茶的认识多有不清，更不了解它的
问世是代表着一个特殊而不会再现的时代。

"我叫王亦森，福州人，今年86岁。1952年时我22岁，响应号召自愿
到边远山区支援经济建设，由福州市劳动局介绍到省贸易公司，之后被分

配到福鼎茶厂。1953年，我被福鼎茶厂安排到白琳茶叶初制厂，从事茶叶初制的技术研究工作。我记得当时省里还在办茶师培训班，像国内早就知名的张天福、庄任等一批专家，都在培训班讲课。"2016年4月中旬，我们在福鼎乡间的一处茶叶加工厂里，见到了刚刚午睡起身、已经86岁的原福鼎白琳茶厂副厂长王亦森。他是中国新工艺白茶的创始执行人，也是当时一起研究新工艺白茶课题的专家组人员中唯一健在的人。

老人精神很好，他中等身材、面色红润、腰板挺得笔直，说起话来声音洪亮、思路清晰，一点不像80多岁的人。在得知我们的来意后，他很是激动："中国白茶是个大家庭，应对其有个统一和全面的认识，现在的年轻人应该知道。像我们这一代人，经历过逃难、饥荒、战争和长期的计划管制，哪里想到会有今天的百花齐放。"

王奕森从最火热的革命年代开始回忆。作为福州知青，他刚来到福鼎时并不了解茶，也不太会做茶，但是在一个50年代爱国青年的思想意识里，他觉得自己干一行就要爱一行，于是在白琳茶厂一干就是几十年。

说到王奕森所在的白琳茶厂，其前身是中国茶业总公司福建省分公司于1950年4月在白琳康山广泰茶行建设的福鼎县茶厂。因为在1950年10月，该厂迁址到福鼎南校场观音阁，原厂址就改为福鼎白琳茶叶初制厂。而白琳茶厂当时和福安分厂、政和制茶所、星村制茶所、武夷直属制茶所等福建省茶业各分厂以及制茶所一起，属于中华人民共和国成立前就创立的福建示范茶厂，大名鼎鼎的张天福则是福建示范茶厂的首任厂长。

"中华人民共和国成立后茶叶归国家统管。我记得1952年的公告，说绿茶不能做，白茶不能做，各厂全部做红茶，而且做了红茶以后任何人不能私自买卖，都要交给国家销售。那时粮食是国家一类物资，茶叶属于二

● 1950年4月，中国茶业总公司福建省分公司在白琳康山广泰茶行建设的福鼎县茶厂原址（福鼎茶办供图）

类物资，谁也不敢动。我们茶厂的职工要想买两斤茶给家里人喝，都要经过上级管理部门的批准。"差不多有十年的时间，因为中国红茶生产销售被上升到了国家战略的高度，所以政府对茶叶管制严格，品种也单一。王奕森和他的工友们按照上级的要求，安排各项生产工作。

白琳茶厂的历史性转折出现在1962年。由于在20世纪60年代初，我国与苏联的外交关系破裂，中国红茶失去了出口市场，面临滞销，使得茶叶生产结构的调整势在必行。作为中国茶叶品种最丰富、生产历史也相当悠久的茶叶大省，福建省相关部门的各级茶叶专家相当重视这个问题，对生产调整的讨论和安排工作尤其重视。

"当时白琳茶厂要转型，那做什么茶好？我们原本是更倾向于生产绿茶的，因为福鼎的绿茶质量一直不错。但省外贸的专家同志建议我们生产白茶，并成立外贸出口基地，因为当时外贸出口的白茶不够。不够的原因在哪里呢？因为传统的白茶生产就是靠天吃饭，主要销售市场在香港和东南亚，偏偏他们的订单又不太稳定，使福建白茶的生产要考虑一个问题，即如果订单多了赶上天气不好就完不成订单，订单少了赶上好天气茶叶又会被积压。我们必须提高机械控制程度，生产一款'不用靠天吃饭'的白茶。这个任务后来被派给了白琳茶厂。"王奕森告诉我们。

1962年，王奕森第一次试制"不用靠天吃饭"的白茶。他和他的工友们是边生产、边试验、边研究，绞尽脑汁做了好几批白茶都不成功，心里很是苦恼。后来有一次，他做了一个实验：让两名女工调整机器上的皮带，本来茶叶放进去7分钟就出来，他尝试把皮带环放小，慢慢走。20分钟后将火全部灭掉，用火底来烘，温度控制在60℃左右，让这两名女工把茶叶摊得薄薄地转出来。实验结束，王奕森一看，这批茶叶颜色很理想，试喝后口感清香，马上就带工人正式生产了一批。同时又赶紧从这批茶样中包装了两罐。之后他步行两天，将两罐茶送到福州。

那是1962年4月，王奕森在清明前做了这批茶样，之后便安排正式生产。那时候白琳茶厂有三部干燥机，专门抽了一部出来做白茶，到春茶结束时，一共做了十几担茶叶（大约1500斤）。茶叶做好以后，白琳茶厂的工人马上装箱送到外贸专车，同时带样。按照王奕森的介绍，当时是送给省茶叶公司两个样，省进出口公司两个样，省商品检验局两个样，省农业厅两个样，另外还有外贸局和外贸公司各一个样。而这批样品，所有参加研制的负责人和专家都要看，包括时任福建省农业厅特产处处长的张天福。看完后专家们都表示认可。

这批茶是正常销到香港的，而香港的惯例是要到端午节才开始销售。让王奕森万万没想到的是，香港方面在当年农历四月底拆箱时，发现这批白茶已经全部变黄，只能全部退货。这一来导致外汇损失得很严重。"总之那次失败对所有人的打击都不小。省里各相关部门分析失败的原因，每个经手的专家都要做分析检查，我还写了一份总结。当时感觉心理压力很大，害怕省里打来的电话。"这段经历让王奕森沉吟了一下。

他想，即使失败了，完成国家任务也是第一使命。但从那时候开始，福建省的茶叶专家便开始更直接地指导白琳茶厂研制白茶新品种，时任福建省茶叶进出口公司技术专员的庄任，就带着白琳茶厂的茶师们认真研究课题。而与此同时，张天福还亲自撰写了《福建白茶的调查研究》，整个报告对茶区一线的白茶生产，有重要的指导意义。

王奕森捧着这份调查研究，对其中有关技术生产的论述，读了一遍又一遍。而庄任也拿来一本书，对王奕森说："王生，你拿去好好看。"王奕森一看封面，那是陈椽的《茶叶制造学》，他仔细研究起了其中的要点。这一年，王奕森被正式任命为福鼎白琳茶叶初制厂生产技术副厂长。

时间一晃就进入1968年的夏天。正值特殊年代，福建全省进行军事管制，福鼎县也成立革委会，各机关、单位和团体组织全部在进行政治学习，全县生产几乎瘫痪。就在这时候，负责福建省茶叶外贸工作的茶叶审评员刘典秋，从香港回来找到王奕森。就在当时白琳茶厂的审评室，刘典

● 安静的茶山，曾经火热朝天

秋看着王奕森的眼睛说："现在福建省的低端白茶在香港的酒楼茶馆卖，很受台湾白茶冲击。人家都不要我们的货，导致福建白茶在港澳市场无法销售。你看怎么办？"他拿出随身携带的一个台湾白茶样品，给王奕森看，并提出意见和方案，要求试制样品。

王奕森想了想，答应马上做。刘典秋回了福州，他给王奕森留下一句话："要越快越好，能超过对方茶样的水平就更好。我们需要制造一批质高、价低的白茶来抢夺被台湾茶商占领的市场。"

当时的白琳茶厂正受"文革"影响，生产陷于停顿阶段。但作为生产班子负责人，王奕森接下任务就开始做。在不到半个月的时间里，他带着工人连续试制数批白茶，经过纳优、排劣，精制成茶7箱，运抵省外贸茶叶公司再转运香港，给刘典秋布样，样品包装标号为"仿台白茶"。

同年8月下旬，福鼎县革命委员会成立了，县革委会生产组来文："茶叶采摘将至，结束封园，希快速组织人力抢制'仿台白茶'300担。今后要把'仿台'标号改为'仿白'标号，一定要在国庆前抢制完成，不得延误。"王奕森接文后，立即与白琳周围的点头、磻溪、巽城各茶站联系，转告县革委会来文精神，同时张贴公告，要求广大茶农采摘荒山野茶，茶厂现金收购。消息传出后，福鼎茶农采摘茶叶的积极性空前高涨。白琳茶厂最高峰时，日收购茶青达200多担。王奕森带工人日夜抢制生产，最终在9月27日完成任务，将白茶调运至福建省外贸茶叶公司，再转运香港销售。

就在1969年春节过后，王奕森接到了一个令他终生难忘的好消息，刘典秋来信告诉他："'仿白白茶'经1968年试制、试产、试销，当年产销300担，今已断货脱销。目前是港澳茶楼首选茶类，深受消费者欢迎，台湾白茶已退出香港茶楼酒家，对此表示祝贺与感谢！"

"我们努力了很多年，终于成功了。"谈及往事，王奕森还略有激动，但他也不无遗憾地说，"可惜当时一起并肩工作过的同志们，包括指导我们的技术专家庄任，大都去世了。我到现在身体还不错，还能做茶，也带一些年轻人做茶。"

在几经波折后，由福建省自主研制成功的这款"新"白茶，在1969年改换"仿白"的标号，以"轻揉捻白茶"的商品命名，在全省茶叶会议中予以公告。此产品生产被列入外贸出口茶类生产任务，年产1000担，并与香港合记公司签订供销协议。而白琳茶厂产制的"轻揉捻白茶"样、价，均由福鼎茶厂贯彻执行。从此，白琳茶厂成为福建省茶叶进出口公司独家产制"轻揉捻白茶"的加工厂。再后来，由于目标市场的消费者对"轻揉捻"这一名称不理解，给销售人员的推销增添了难度。为此，"轻揉捻白茶"正式更名为新工艺白茶，一直沿袭到今天。

新工艺白茶对鲜叶的原料要求和寿眉类似，原料嫩度要求相对较低，其制作工艺为萎凋、轻揉、干燥、拣剔、过筛、打堆、烘焙和装箱。在初制时，原料鲜叶萎凋后，要迅速进行轻度揉捻，再经过干燥工艺，使其外形叶张略有缩摺，呈半卷条形，色泽暗绿略带褐色。它的特点是清香味浓，汤色橙红；叶底展开后可见其色泽青灰带黄，筋脉带红；茶汤味似绿茶但无清香，又似红茶而无酵感，浓醇清甘又有闽北乌龙茶汤的"馥郁"感，但它的条索更紧结，茶汤味道更浓，汤色也更深沉。

在新工艺白茶刚进入港澳市场的20世纪60年代，由于香港经济还没有起飞，白茶的主要销售市场是以大众酒楼茶餐厅为代表的低端市场。但是到了1970年以后，香港作为"亚洲四小龙"的代表，经济快速崛起，人们对茶叶消费提出了更高的要求。为此，白琳茶厂在1980年重新创制验收标准样，同时调整了调拨价格，在香气和滋味方面都超过了1968年试制的标准样，产品质量上了一个新台阶。从此，新工艺白茶由专销茶楼、酒店的低档茶，变身为适合港澳市场多数消费者的商品茶，销量极大。

新工艺白茶的创始执行人王奕森，在20世纪80年代退休，他把白琳茶厂交给了比自己更年轻、更有想法的下一代，自己带着三个儿子办起了民营茶厂。遇到本地的晚辈茶人来请教，他也会倾囊相授。用他的话说，自己为茶活了一辈子，总是希望茶越做越好。

唯一可惜的是，从1962年开始酝酿，在1968年问世，生产史达25年，产销量每年达4000多担，经过多年生产、研究、调整成长起来的新工艺白茶，在1993年时，因国营白琳茶厂响应国家经济转轨政策而宣告破产，从此结束了大批量的生产，但是在福鼎、政和、松溪的部分地区，时至今日，它还有一定的民间产量。

● 86岁的王奕森看茶青

白琳茶厂是新工艺白茶独家专业经营的企业。而新工艺白茶本身也被编入了《中国茶经》的白茶类，录入国家高等教育的教材。它成为中国白茶产业史上的一朵奇葩。

时代车轮向前，记忆永不磨灭。事实上，无论是传统白茶，还是新工艺白茶，都是中国白茶的一部分，它们的出现、成长、发展、成熟，甚至是停滞，都有着各自的时代背景。而中国白茶这朵清新、天然的茶之花，要在历史深处留下更多、更深刻的印迹，还要看今日茶人的拼搏奋斗。

第三章

现场·风华绝代

①

河山庄园，
有个男人和他晾晒的白金梦

时间就是金钱，效率就是生命。

当时间回到1980年，当深圳蛇口工业区创始人袁庚（招商局集团原常务副董事长，招商局蛇口工业区和招商银行、平安保险等企业创始人，2003年被香港特别行政区授予金紫荆星章）提出了"时间就是金钱，效率就是生命，顾客就是皇帝，安全就是法律"的口号时，引起了轩然大波。当时的香港招商局为加快蛇口港施工进度而实行奖励制度，也因此，引起了一场社会争论。

客观上来说，虽然自1978年后，中央已开始把工作重心转移到经济建设上，但如此直接地把"金钱"二字提到桌面上来讲，却引发了极大争议，而这样说话以及行动的人，也要有极大的勇气。

好在到了1984年1月26日，时年67岁的袁庚在蛇口迎接到深圳视察的国家领导人邓小平、杨尚昆一行时，"时间就是金钱，效率就是生命"这句话已经被写在了蛇口工业区入口处的标语牌上，并获得了邓小平的首肯。从此，对中国市场经济改革需要加快、加大力度的认识，终于得到定性。而国家各个行业中最积极的改革实践者们，在这"冲破思想禁锢的第一声春雷"的号令下，开始寻找自己的人生。

"我从小生长在茶农世家，记得在我小时候，我家里的花销、自己上学到长大用的每一分钱都从茶叶里面来。我六岁时，还没上一年级，就跟我父母亲去采茶、赚工分，我记得要采一斤茶叶才能计一个工分，生产队最后是凭工分分配粮食。"坐在我对面的林振传笑了笑，谈起20世纪80年代他的生活选择，"1987年我高中毕业，因为没考上大学，需要自谋出路，就从1990年开始做一些零碎的小生意。1991年，我在福鼎乡镇的茶厂上了一年班，到1992年我离开茶厂，私营茶叶生意，这一干就是二十多年。"

林振传现在的身份是福鼎白茶制作技艺非物质文化遗产传承人、福建品品香茶业有限公司董事长，但他更为人熟知的名字是林健，这是他初创业时给自己取的名字，意思是"天行健，君子以自强不息"。因为一个没有家庭背景、也谈不上良好出身的农村青年，要在风云变幻的时代中谋求发展，一要靠体魄，二需要头脑。

林振传离开茶厂的时候，刚刚24岁。他两手空空，在1993年7月，坐着一趟绿皮火车，来到了北京，一开始是销售一些自己加工的茉莉花茶。可是他的经历却并不让人愉快。

"很多人说现在生意难做，但是我想发自内心地说一句，其实以前开拓市场才是最难的事情。我记得当时到天津、河北的很多还是集体性质的供销社推销茶叶时，经常是我们人到门口，人家却不让进门，态度很坏，甚至赶我们出来。"林振传们被拒绝的理由很简单，在20世纪90年代时，北方的市场改革比南方缓慢，一些国营商场生意还不错，很多员工还在吃大锅饭。在他们看来，这些来自南方的年轻人上门卖茶这件事本就不靠谱，加上南方人普通话讲得又差，双方交流起来很困难，就干脆全部拒绝。

"但是我出来就是为了生活，顾客是上帝，我不能赌气，要想想人家为什么拒绝。于是我就守在路边，看商店进进出出的人，我想他们店那么大、茶叶生意那么好，无论如何我也要和他们搭上关系，要让人家卖我们的茶叶。我也相信自己的茶价格便宜、质量好，一定会有市场。"林振传认真说道。

创业维艰，甘苦自知。第一次到北方，虽然经济收获不大，但脑子灵活的林振传仔细观察了北方尤其是首都北京的茶叶市场后，感觉到机会就在眼前。原来当时虽然改革开放了，但在北方，卖茶的主要还是以国营、集体属性的商场为主。所以那时北京还没有专门的茶叶市场，但是茶叶交易却越来越活跃，在如今以"中国茶叶第一街"闻名的北京马连道地区，当年国营的北京茶叶总公司可谓一家独大，其吞吐量甚至涵盖整个华北。而马连道个体经营者开的店，那时加起来也不超过十家，都是在沿街经营，甚至还有露天的茶摊。

"那时福建闽北的茶厂已经不行了，原先的建阳茶厂的员工都下岗，他们的业务人员就有到北方开店的，还有我们省会福州茉莉花茶厂的员工，也到北京来卖茶了。所以你只要仔细观察，会发现那时在沿街开茶叶

● 品品香公司大门

店的，都是南方人，而且主要是福建人。除北京马连道之外，还有牛街、磁器口、珠市口等人流集中的地段，都有福建人开的茶叶店。"林振传说。他告诉我们，那时最主要的茶叶经营模式就是他加工完茶叶，到国营的一些商场以及独立柜台给人看样，然后把茶批发给别人，因为那时候商场还是挺多的。在北京闯荡一年之后，林振传感觉这个市场很大，他决定加大投入的力度。

"就从头开始学吧。"经过在北京跑销售一年的经历，林振传深切地认识到做茶叶一定要产品质量过硬，才能卖得快不压货。他决定回家拜师学艺，提高自己的竞争力。就在1994年，林振传通过亲戚介绍，结识了已经退休在家的原福鼎白琳茶厂副厂长、中国新工艺白茶的创始执行人王奕森，于是他认认真真地跟着老师傅，学习做茶的工艺和原理。

不死心的林振传，在1995年又回到北京，而他主要销售的，是当年北方市场最流行，也是南方最具原料和工艺优势的茉莉花茶。"北方天气太冷了，我一个从来不知道零下10℃是什么概念的人，曾经穿着一件破棉袄，在东北、华北到处跑，那两年我基本把整个中国的北方都跑遍了，并不局限于北京。"

市场经济的好处最初还是在北京有所体现。在原有的计划供销体制里，一直是南方的国有茶厂供茶给北京茶叶总公司，北京茶叶总公司再一层层批发给自己的下级门店。因为要涵盖体制内所有的人员和各项开支费用，其成本到最后是完全无法和个体业主相比的。这就给林振传们的发展留下了市场空间。他对此的总结是："那时刚创业，只要有人买我们的茶叶，只要给现金，我少赚就少赚一点，价格可以随行就市。比如高端茉莉花茶的价格，当时一斤售价在80-150块钱之间，一斤能有三四十块钱赚，就有20%的毛利，对我们来说已经很好了。"

即使在一个机会巨大的市场，攻城略地也要付出代价，但是只要能够发展，只要能有一席之地生存，林振传就觉得应该竭尽全力。在重回北京的几年时间里，福建人林振传的生活状态常常是这样的：他一般早上5点钟起床，然后去东直门坐老式的解放牌汽车去河北承德送货，要坐上6个小时，在中午12点才赶到承德，等把样品送完，晚上再坐火车回到北京。往往他下车的时候，已经是深夜十一二点了。

"那时候的北京可不是现在的北京，那个时间大街上早就黑透了，我饿着肚子想吃饭都找不到一个开门的小餐馆。而且我是南方人，吃不惯北方的馒头，忙起来错过饭点就经常饿肚子，只好天天吃方便面。"这段艰苦历程给林振传留下的后遗症是，他现在一看到方便面就害怕，一吃方便

● 品品香管阳基地

面就拉肚子，因为那时候吃得实在太多了。

　　"不过那时生意还不错，我记得在1994年，我去承德拉了60斤茶，赚了3600块钱。而当时我在工厂拿的工资才多少？一个月一百来块钱，所以我一天能赚三四千块已经让我知足了，何况农民的孩子本不怕吃苦。"曾几何时，来自南方福建的青年林振传，站在茫茫的夜色中，紧紧裹着自己身上的某一处——因为那时都是十块钱面额的人民币，一千块钱就有一大叠，每次他带着几千块钱回家，都会小心翼翼地上火车，把辛辛苦苦赚的钱藏好、藏仔细，不让人看出来。

　　1995年，林振传开办了茶叶加工厂，创立了品品香的牌子。1997年，在北京站稳脚跟的林振传在马连道开店。之后他在1998年返回老家福鼎，做自己的有机茶基地。而他这个基地上的原料，一部分用于做绿茶，一部分用于做加工茉莉花茶的茶坯，另外剩下一部分用于做白茶。

不得不提的一点是，直到2006年，中国白茶的内销市场还很小，白茶销售基本上以出口为主，国民基本上也没有白茶的品饮习惯和消费氛围。只有在南方，老百姓们会自己存点白茶，也是因为老辈人认为白茶能清热祛火、治麻疹，留在家里给孩子们用的。在北方，一般有饮茶习惯的消费者，常常连白茶是什么都不知道，甚至经常会将白叶类的绿茶安吉白茶当成是白茶，其实两者根本不是一回事。

而福鼎白茶就在这时异军突起了。

从2006年开始，福鼎市政府就决定打造地方茶叶公共品牌，提升福鼎茶区在全国的知名度和茶叶市场占有率。当时有许多选择，比如福鼎一直以来生产的烘青绿茶，可供茉莉花茶窨制的茶坯，还有传统的红茶品牌——白琳工夫，最后才是白茶。而在政府全面分析以及征求各方意见后，人们形成了一种共识：凡是中国可以产茶的地方都能做红茶和绿茶，如果打造红茶和绿茶品牌，不能实现差异化。而福鼎是为数极少的白茶原产地之一，虽然福鼎白茶产量不是很大，但它是一个独特的茶叶品类。

于是时任福鼎市茶业发展领导小组组长的福鼎市委副书记陈兴华拍板，中国白茶从福鼎开始，打响内销攻坚战！可是白茶虽好，在国内却一点都不热门，2006年时的福鼎白茶产量只有几百吨，白茶生产企业一共也就十几家，且都是做出口，给外贸公司供货。那么白茶到底能不能在国内火起来呢？习惯了香浓馥郁口感的中国消费者，能不能接受以自然淡雅为口感特征的白茶呢？谁也没有把握。

正是在这个时候，林振传决定，品品香茶业公司要全面转型做白茶，而且目标瞄准的是做白茶第一品牌。他的这一选择颇有风险，虽然事后看，当时是走对了，"因为我整个企业的方向调头了，以前生产茶叶是白茶为辅，之后要以其为主。而让内销市场认可白茶是个很困难的过程，那时福建省第一时髦的茶是金骏眉，第二是铁观音，第三是大红袍。我们做完定位后开始构思品牌方向，做包装、做设计，刚开始真的是白送，人家都不要，他理解不了这个茶好在哪里。"可是开弓没有回头箭，自从下了这个狠心，林振传对自己的人生也重新定位了——一生只做一件事，以茶为生、以茶为业、以茶为乐，用生命去热爱白茶事业。

林振传在压力最大的时候，常常一个人回到老家——福鼎白琳的一个叫茶洋里的小村庄，望着不远处的翠郊吴家大院出神。他想起二十年前，自己经过这座大院去后面的小学上课；也记得自己五六年级时在学校加热自带的午饭后，就和一帮孩子跑到老宅里躺在青石板上乘凉。他从小就知道自己祖上给这户姓吴的茶商做过茶，当年吴家的白茶生意还做得非常大。于是就从那时候起，在他的潜意识中，有了想通过做茶成为一个成功的人的想法。这种成功不仅仅只是获得财富，还代表自身的社会价值被肯定。最好是一边实现自己的价值，一边还能改变别人的命运。

从2006年到2016年，林振传和与他同时代的白茶拓荒者们，度过了毕生难忘的十年，用林振传自己的话说就是"大家摸着石头过河，走一步看一步"。因为大家都没有经验也没有对象可以借鉴，他们每个人都过得不容易。

而打响福鼎白茶公共品牌的福鼎市茶业发展领导小组组长陈兴华，这十年来为推广福鼎白茶可谓费尽了心血。他总结福鼎白茶这十年交出的成绩单是："十年前，福鼎以生产绿茶为主，基本就是给别人提供原料，没有附加值可言。所以在福鼎白茶兴盛之前，我们当地的企业，一年产值过一两千万的都不多，又散又小。而到2015年年底，经营福鼎白茶的企业，

● 陈兴华说福鼎白茶

在工商登记的就有545家，通过QS认证的有200多家。整个福鼎白茶产值达到了29亿，内销和外销市场的比例也倒转了。目前，国内市场销量占白茶总销量的90%。到现在为止，福鼎白茶还是处在一个稳步增长的阶段，无论产量还是产值，每年都有30%的增长率。"

福鼎白茶是如何突破消费者的习惯障碍的？所有参加了这场白茶攻坚战的人一致认为，是因为它合理而且恰逢时机地打出了保健的王牌。因为不炒不揉、工艺至简的白茶，在过去就是从药用开始为人所知的，民间也有存放白茶治疗小病的习惯。所以从一开始推福鼎白茶公共品牌时，福鼎人就认真分析了白茶的优劣势。

"很多人说喝白茶感觉没味道，但是白茶却有它独特的功效，就是清热解毒消炎。我们就紧紧抓住这个点去展开，为此还委托了湖南农大和国家植物功能成分利用工程技术研究中心对不同年份的白茶成分做功效鉴定，这对近些年老白茶的发展起到了很大影响。从我的亲身经验来说，位于闽东地区的福鼎，在过去缺医少药的年代里，老百姓确有储存白茶当土药的习惯，而在这方面，陈年白茶有更突出的表现，这也是我在2008年提出老白茶这个概念的原因。"

　　林振传解释说，实际上白茶的属性类似普洱茶，同样有边储存边转化的品饮价值和收藏价值。让他感到欣慰的是，在2016年4月于合肥召开的国家标准化会议上，他曾经一再强调的"老白茶可以长期储存"这句话被正式写入了"白茶国家标准"，成为行业组织和消费市场的共识。

● 品品香白茶庄园

正是因为白茶的自然工艺，使它能最大限度地保留茶叶中的活性酶，以及一些有益于人体的物质，比如多酚类氧化物、多糖类氧化物，所以具有药用的价值。这使得白茶在近些年大众消费升级的浪潮中表现抢眼，成为一骑绝尘的奇花。

到了2015年，创业二十多年的林振传，已经带着他的品品香品牌，实现了全年近2亿的销售额，位列福建白茶企业销量的第一位。他在当地的4个基地发展了30000多亩茶园，带动了11个初制加工厂（合作社），以点带面地构建了公司的整个供应链。

在位于管阳河山的品品香白茶庄园里，正进行春茶生产加工的林振传非常忙碌，我们到的时候他在看天气预报，盘算着第二天的茶青要怎么做才好。他告诉我们，茶叶最关键的问题就是看天吃饭，而实现品牌化就要解决标准化生产的难题。在这方面，他做了一些尝试与改革："我发现白茶在加工过程中的工艺已经跟不上现代企业的生产要求，比如传统的加温排湿方法，又费能源又不够卫生，对提高生产效率来说不够科学，又浪费人工。还有针对白茶一旦遇上南风天或者雨天，就无法生产的问题，我在去年发明了白茶仿日光节能型连续化生产线。这个生产线省工省能源，也解决了在春天多雨的福建没晴天就做不出有香气的好茶的问题。我自己认为是一种创新。我觉得福鼎白茶一定要在坚守传承中科学地创新。"

十年时间，由于福鼎白茶的崛起，带动了包括政和白茶、建阳白茶等白茶主产区的白茶的全面热销，中国白茶的逆袭，可以称得上现代商业的经典范例。站在中国白茶第一梯队中的品牌品品香，它的打造者林振传还和二十年前一样，觉得自己每天的时间都不够用。

"总感觉市场有根无形的鞭子在抽打自己，让我不得不跑。这十年我

● 福建品品香茶业有限公司董事长、
国家非物质文化遗产福鼎白茶制作技艺代表性传承人林振传

●品品香公司的白茶仿日光节能型连续化生产线

用一个词来概括自己走过的路就是'白金十年'，用另一句话总结自己摔过的坑就是'十年磨一剑'。为了更多实践自己的想法，我还专门研发了一款紧压茶产品叫'晒白金'，用的是存放多年的老白茶，我想随着国内消费结构的多元化，消费市场中消费者的口味和要求都会更多样。"站在品品香白茶庄园的最高处，林振传眺望着他的基地，只见那片茶山静静地沐浴在阳光下，就好像一个白金般的宝库。

②
太姥山中，
走过晴雨相间的绿雪芽

实践是检验真理的唯一标准。

发表在1978年5月11日《光明日报》的一篇特约评论员文章，在全国引起了强烈反响，也在全社会范围内掀起了一场关于真理标准问题的大讨论。1978年12月22日，党的十一届三中全会公报登："会议高度评价了关于实践是检验真理的唯一标准问题的讨论。"从那时候起，正处在一个新的历史节点，面临的机遇和挑战都前所未有的中国经济社会，有了思想上的"定海神针"，这也为各行各业的发展留下了广阔空间。

● 林有希

　　1979年冬天的某个阳光灿烂的午后，一个身材高挑又清瘦的青年走进了福鼎市茶叶局。他是刚刚通过招考来报到的。站在阳光里，他的影子在地上被拉长，衣摆被风吹得摇曳不定。他抬头，看了看面前的办公楼，快步走了进去。

　　他是当年17岁的林有希，而现在，他的身份是福建省天湖茶业有限公司董事长。

　　"我当时一毕业就进了茶叶局工作。而在我刚刚参加工作的时候，社会上的人都觉得事业编制稳定，我有了铁饭碗，因此羡慕我的人很多。"正是4月的天气，位于福鼎太姥山中的绿雪芽白茶庄园，笼罩在一片蒙蒙细雨中。林有希亲自投下一泡今年的白毫银针，开始诉说往事。

　　"也就过了没几年吧，1985年，茶叶从国家二类物资被改为三类物资，我们茶叶局就成立了一个茶叶指导站和茶叶公司，和当时的福鼎茶厂合并了三年，之后在1988年拆分了，只留下茶叶公司。而这个茶叶公司下属有一个茶厂，当时厂里职工有一百多人，厂里的效益一年不如一年。我从那时就开始意识到，时代即将巨变，所有的国企都将面临一轮选择淘汰。我也要对人生有个重新的规划。"林有希说。

就在1990年，二十多岁的青年林有希，主动跟上级部门请缨，承包了当时亏损严重的福鼎县巽城茶厂，结果当年就扭亏为盈。他说："当时我带了几个人，承包这个茶厂，做白茶供给福建外贸。因为当年没有内销市场，我们做的白茶都是供出口的，而且本地做白茶的人也很少，所以我厂是福鼎茶业改制后第一批做福鼎白茶的私营企业。我们现在还有一批1992年时做的茶，就是当年的见证。"

在创业的头几年时间里，林有希一直奔波在全国各地的茶叶市场，北京、广州、上海……因为茶叶生产从计划经济过渡到市场经济后，各种性质的生产企业，都不再由国家包销，所有人都要直接面对各大销售市场做销售。在这一点上，国企的灵活度和成本优势远远不如私企，因此国企越来越多地处于下风。

1996年，林有希创办了福鼎市惜缘茶厂。也是这一年，他走进了北京马连道，认真打量了这个地方。那是个什么情况呢？"我是1996年去的北京，那时候马连道是一个连打车都没有司机愿意去的地方，很荒芜，还很偏。但是因为北京茶叶总公司就在那里，所以有很多福建老乡已经去那落脚，当中有不少人是肩扛手提、挑着茶叶担子去的，为的是向茶叶总公司销售自产的茶叶。"

到了1997年，国企福鼎茶厂倒闭，国营经济在福鼎茶业中正式退出了历史舞台。而林有希的妻子施丽君也选择经商，加入丈夫的创业队伍中。施丽君是福建农校出身，曾是茶叶评审的专业技术人员，从1984年毕业后就被分配到福鼎茶厂，当了13年的评茶员。她的全身心投入，对林有希有很大帮助。

"就在1997年的下半年，我们做了分工，我留在后方搞生产，我太太去北京开拓市场。"林有希印象中的1997年，是夫妻俩站在嘈杂的北京马连道街头，看到身边到处都在施工，马连道像一个硕大的工地。当时还非常年轻的施丽君，拉着年幼的儿子，在马连道刚开张的金马茶城内租了一个摊位。"我们就这样天各一方了。"他开玩笑地说，言语中颇有一番感慨。

　　为了巩固资源优势，林有希在1999年投资250万元，率先在太姥山承包了1500亩的有机茶茶园。也是在这一年，他用30万元将一度被人抢注的"绿雪芽"商标保护性地买了下来。对这个决定他解释说："因为'绿雪芽'在福鼎人的心目中，有很重要的地位，一方面它是福建省有名的历史名茶之一，从清代开始，就有文人记载'太姥山古有绿雪芽，今呼白毫，

● 绿雪芽白茶庄园的品茶空间

色香俱绝'；另一方面在福鼎太姥山国家地质公园内，有一株野生古茶树绿雪芽，它就是如今福鼎大白茶的始祖；此外在福鼎民间，还有太姥娘娘采'绿雪芽'茶治瘟疫的民间传说，流传非常广。所以我们赢回'绿雪芽'这个商标，是对自己的一份希望，也是一种鞭策。"

2000年，37岁的林有希迎来了他一生中最难忘的时刻——他以"绿雪芽"作为企业品牌，正式创立了福建天湖茶业有限公司。他在开业的鞭炮声中，好像看到了20年前那个刚刚跨入茶叶局大门时的自己。

因为"绿雪芽"，林有希一年中的大多数时间，就像一个农民一样在山里守着他的基地。他带着我们去茶园，从地上抓起一把土，说："中国茶叶要解决好土壤问题，才能有更多好茶。关于有机茶的管控，最好是物理防治，我们这个地方的春茶季是没有什么虫的，夏天闷热起来，低洼的地方会有小绿叶蝉，它们会吃掉一部分茶叶。但是过了这个阶段，秋天凉下来的时候，茶园就又恢复正常了。我觉得，如果没有虫害大面积爆发，对茶树不妨顺其自然，这是一种最好的方法。对茶山的生态，人尽量不要去改变它的本来面目。"

还在刚刚承包茶山的时候，林有希曾与人合伙。后来实在是因为有机茶茶园的投入时间长、回报慢，股东们都失去了耐心，纷纷退出，最后只剩下他自己。他还从福建农大请了专家过来作指导，对茶园内的土壤做改良，又花了不少钱。有人议论他傻，不赚钱的事一干就是多年。他听了只一笑，心里想的是"以后的市场竞争只会越来越激烈，品质不保证什么都白说，走自己的路让别人说吧"。

"不过一开始，我们有机茶基地做的是绿茶，因为福鼎是全国茶树良种华茶一号（福鼎大白茶）和华茶二号（福鼎大毫茶）的原产地，它的绿茶花香很浓，很符合市场要求。而我们福鼎在十多年前还是主要生产加工绿茶以及茉莉花茶的，所以我是以花茶和绿茶为基础做的这个基地。"林有希告诉我们，他也是从那时候就觉得，大家都在做绿茶和花茶，而中国的名优绿茶实在是太多，未来要突出重围，不可能靠它们。那么做什么更好？他在权衡之下选择了白茶。

"实际上在北京，早期我们就在推白茶，那时我们一边推红茶、花茶、绿茶，一边不间断地推白茶。我们最早是在2001年开始压白茶饼，刚开始用新茶压，然后我发现用新茶压饼不行，就让它存放了几年，到2004年才又出了一批。最后推出真正定型的白茶饼，是在2007年。一开始我们打的是'福鼎大白茶'招牌，后面打的才是'福鼎白茶'招牌。因为这时候，福鼎白茶的公共品牌开始走上前台了。"就这样，福鼎白茶在现代市场中崛起的历程，在林有希的回忆中被鲜活地呈现出来。

● 滋味悠长的年份白茶

● "绿雪芽"在北京马连道的店面

从2006年开始，在福鼎市政府、茶叶主管部门以及所有福鼎白茶企业生产经营者的努力下，福鼎白茶产业发展进入了快车道，福鼎白茶在几年之后成了中国茶行业发展的一匹黑马。林有希多年打下的基础证明了他的眼光——整个白茶行业的市场空间非常大，而且等待挖掘的空间也不小。白茶独特的功效，一直和现代人推崇的养生、保健、休闲等概念联系在一起，带动了都市人对白茶寻根溯源的文化追求。

"我发现有越来越多人专门跑到福鼎看白茶。这在以前是没有的，"林有希感叹道。这个行业可以更上一层楼了。他决定做一个关于白茶文化的度假体验园区。

这就是我们今天看到的绿雪芽白茶庄园。林有希从位于荒山野岭中的一片茶园开始，开垦出了太姥山上如今占地2000亩，集茶叶种植、茶叶加工和茶文化展示为一体的基地。它的海拔在600-800米，早晚温差约有10℃，此处土壤中矿物质含量丰富，对茶叶生长很有利。而福鼎白茶的文化体验基地，2007年开始陆续建到了现在，也有十年光景了。按照林有希的说法，是每年都在整理、补充，也在不断地调整主题内容。

我们在被雾气包围的绿雪芽养心馆，喝完白毫银针，又喝林有希存放了五年的白茶，入口稍浓，却也清爽。林有希笑着说，很多人来到山里，就想喝他十几年前做的老白茶，但是这批茶也越来越少了。因为绿雪芽白茶庄园是目前福鼎最成熟的茶文化游学基地，所以从全国慕名而来的人，总是有机会听他讲关于福鼎白茶的往事。"算是一种收获吧。"他温和地笑了笑。

在一个做白茶的人眼里，白茶为什么流行？林有希想了想说："最根本的原因还是因为白茶这个品种适应了这个时代，甚至是迎合了现代人身体状况的诉求。六大茶类从工艺上来说，白茶是最接近自然状态、工艺最简单的一个品种，所以对茶叶源头的纯净度要求很高。另外白茶本身偏清爽的口感，能够让没有喝过茶的消费者，接受更快，即使是传统喝绿茶的群体接受起来也比较自然，所以会有今天这么大的市场。"

时至2016年，福鼎白茶在当地已横跨了第一、二、三产业，带动了整个经济链的繁荣。而在福鼎的城乡道路，尤其是通往外界的高速公路上，到处可见企业以及当地政府做的白茶广告。就是在街头，也总是有提着茶叶礼盒匆匆而过的行人。茶叶店更是鳞次栉比。这种局面，按照主管福鼎茶业的陈兴华的说法就是"福鼎总人口有59万，其中接近40万人涉茶。福鼎的涉茶人口占本地总人口的三分之二，对涉茶人而言，福鼎白茶是不可或缺的。"

从一文不名到遍地开花，从毫无地位到成为主流，福鼎白茶，成就了福鼎，也促进了整个中国白茶的格局向纵深发展。而在这风行的速度背后，有许多像林有希一样的当地茶人，在主动接受市场的挑战和洗礼。

● 林有希在太姥山中的绿雪芽基地

　　"人的经验和眼光往往有限，人的能力和价值观更是千差万别，只有一直研判市场的趋势，才能检验自己的做法是否正确，因为实践是检验真理的唯一标准。"林有希认真地说。三十年的改革开放，让他从青涩懵懂走到知天命之年，而他笑称："没有哪一步是有参考样板的。"

　　"我们是大时代中的小人物，做了一点大时代中的小事情。"

　　在春季微冷的太姥山中，走过晴雨的林有希的背影融进了整个山间的雨雾，似有无言的诉说，却终究成为时代的一角。

　　放眼望去，只见太姥山上，一片晴光正起。定睛凝视，原来那正是白茶母树生长的地方，也是一方水土养一方人的传奇源头。

③

一梦五十年，
祖孙三代人的白茶情

年轻的朋友们，今天来相会，

荡起小船儿，暖风轻轻吹。

花儿香，鸟儿鸣，春光惹人醉，

欢歌笑语绕着彩云飞。

啊，亲爱的朋友们，美妙的春光属于谁?

属于我，属于你，属于我们80年代的新一辈!

20世纪80年代，当这样欢快的歌声飞扬在中国城乡的大街小巷时，地处闽东的福鼎，还是一个以啤酒、皮衣、三车配件、制药等轻工产业为主要产业的小城。北京电影制片厂在1980年拍摄的电影《戴手铐的旅客》中，著名演员于洋在片中扮演了一位忍辱负重、一路追击特务的公安干警。就是在这部主旋律的电影中，场景中摆设的所有啤酒都是福鼎产的"闽东啤酒"，这让福鼎人自豪了好长一段时间。

　　那时一切都方兴未艾。

　　在清晨的上班铃声响起后，一群身着工装、神情愉快的青年走进了福鼎白琳茶厂的大门，他们三三两两，往车间走去，准备开始一天的工作。这时候，耿宗钦也在人群中，他整理好从头到脚的行装后，翻开了生产笔记。

　　"我从小就很喜欢茶叶，所以我1977年高中毕业，就跑到白琳茶厂当学徒。正式进厂是1980年，那时我刚满20岁。"1960年出生的耿宗钦，在福鼎当地的名气不小，因为他出身于磻溪的制茶世家，他祖父在中华人民

● 耿宗钦在生产车间

共和国成立前给福鼎当地的各家大茶庄做工，是小有名气的制茶师傅；而耿宗钦的父亲是土改干部，也是白琳茶厂老厂长。因为家庭环境的影响，少年时的耿宗钦对茶叶特别感兴趣，经常放学后就跑到茶厂，询问各个师傅有关茶叶的各种问题。

"我问题多，问得又认真，所以厂里这些老师傅们特别喜欢我，他们看我好学都愿意教我。也是因为这种学茶的兴趣，我婉拒了被分配到当时正红火的制药厂工作，而选择了跟着父亲进茶厂。"耿宗钦说。

20世纪80年代，国营厂里的工人拥有极高的荣誉感和话语权，耿宗钦和与他同时代进厂的当地青年，都因为拥有"铁饭碗"而备受羡慕。当时的茶叶生产条件比较落后，农民种茶基本上是靠天吃饭，所以如果老天爷不赏脸，茶农人家连生活都会成问题。

"福鼎茶厂成立于1950年。隔一年时间，白琳茶厂成立。再后来到1953年，湖林茶厂也成立了。而白琳和湖林是茶叶初制厂，它们都隶属于福鼎茶厂。在我们进厂的时候，国企还是如日中天，厂里效益很好，大家工资虽然才几十块钱，但是福利优厚，所以那时候甚至连县里的领导也愿意把子女送到茶厂来工作。谁也没想到这样红火的工厂，后来会不复存在了。"回顾往事，耿宗钦充满了惋惜。

有关福鼎茶业当年的情况，在福鼎茶办主任杨应杰的记录中是这样的：福鼎在新中国成立后，通过上海外贸外销，当年福鼎生产多少"白琳工夫"红茶，苏联方面就包销多少，在这种情况下，福鼎便以生产红茶为主。到20世纪50年代末，中苏关系紧张，受国际关系的影响，福鼎茶产业进行了相应调整。20世纪60年代至80年代，全县茶叶生产红改绿，有相当长一段时间，全县的主打产品是绿茶与茉莉花茶。当时福鼎茶厂主要生产绿茶和茉莉花茶，白琳分厂则主要生产供应外贸的白茶。

耿宗钦进白琳茶厂后，被分配进了质检科，全面学习审评和茶叶加工。而他最喜欢做的事却是钻进车间，观察和琢磨每个生产环节以及茶叶生产中的各种问题。每当有想不明白的地方，他就苦苦"纠缠"那些他认为"厉害"的前辈师傅，非要让人家说清楚。也因此，厂里在20世纪80年代初还没退休的三十几位老师傅，大部分都被他"纠缠"过。

"对这一点，我觉得自己福气不错，能够学到众多前辈的毕生本领。这对我后来的茶叶生产以及技术调节都非常有用，如今我只要走进车间，基本上都能发现问题、解决问题，而在审评过程中一旦发现有问题，就知道是哪个环节出了问题，判断基本上不会错。"三十多年过去了，当年的那些师傅有的老去、有的已经作古，而耿宗钦继承了一身本领，又加上经验丰富，便有了看家本事。这让他在专业领域有不错的口碑。

之后，耿宗钦从一线青工到车间主任再到质管科科长，最后升任白琳茶厂厂长，主管茶厂的技术生产和销售工作。他不满30岁，年富力强，踌躇满志，一心认为茶厂还能再上一个新台阶。在主抓销售的过程中，当年由白琳茶厂送往广东外贸公司的白茶寿眉产品，正是由耿宗钦负责布样品。所以他每年都会去广州，结识了广东多家老牌茶叶公司的业务人员。就在中国改革开放最前沿的广东，他隐隐地感到市场将迎来变局。

这种变局其实从1984年就拉开了序幕：当年国务院批转了一份意义深远的文件——商业部《关于调整茶叶购销政策和改革流通体制意见的报告》。在这份报告中，茶叶由二类商品改为三类商品，主要茶类实行议购议销，开展多渠道经营。这也就意味着中国茶叶市场全面放开，打破了多年来独家经营、统购包销、层层调拨、单一渠道、完全封闭的流通体制。可是这样一来，早就习惯了由国家安排生产任务和主要销路的国营茶厂，它们的优势又在哪里呢？

"80年代中期以后，茶厂开始走下坡路了。我们白琳茶厂到计划经济的最后时期时，因为一边要面对全面市场化的激烈竞争，另一边要应付企业本身的包袱，压力非常大。"耿宗钦告诉我们，当时白琳茶厂一年的生产量在数千担茶叶左右，产量低、规模小，负担却很重。因为厂里的正式职工有一百多人，再加上退休职工还有三十多人，企业一年要支出几十上百万的工资，再加上老职工的医疗费用，使得整个企业头尾不平衡。面对无法优化的成本和残酷的市场经济，茶厂已经失去了竞争能力。

　　看清楚这个事实后，耿宗钦曾经非常不好受，很长一段时间里，他在厂里摸着自己做茶时的机器，想着茶厂的前途和工人的去留。"其实不用我想，社会上谁都能办茶厂了，我们的技术工人也就留不住了。就在企业慢慢走下坡路的那几年，我们厂给工人的工资是三五百块钱，社会上已经出到了一千，从待遇上来说，国营企业失去了吸引人才的优势。于是有技术又年轻的人走了，留下的都是非生产关键部门的员工，还有退休职工。茶厂确实撑不住了。"

　　1993年，生产经营茶叶整整40年的福鼎白琳茶厂宣告倒闭。之后的数年，茶厂的厂房被拆了，机器被卖了，曾经写着"劳动最光荣"的院墙轰然倒下，厂里过去的师傅们各奔东西。一个属于计划经济的时代全面落幕。

　　已经自行创业的耿宗钦站在茶厂大门外，低头，无语。"我心里很不是滋味。"他说，"没想到那么红火热闹的国营茶厂，结束在了我们这一代人手中。"

　　从国营厂的技术人员到私营企业主，耿宗钦在和市场经济的交锋中挺了过来，如今他已将小茶厂变成了公司，新盖的厂房在去年刚刚竣工。

　　在白琳镇的金山西路，耿宗钦在厂区院子里看他的晾青架，他摇摇头

● 耿宗钦的车间内，正在萎凋的白茶

说，当天的天气做茶不太理想。"如果上半夜是北风天，风呼呼地吹，我会把茶叶晾在外面的架子上。到了下半夜转南风天，我如不将它移进室内，那么到第二天早上这批茶叶就黑了、废了。"做茶近40年、对白茶工艺了如指掌的耿宗钦，带我们走进他的萎凋车间，一边走一边介绍，"白茶的萎凋是重中之重，它包括两个问题，一是晒，晒完之后我再拿进来；二是温度控制和时间控制。因为每天的天气、温度不一样，风量也不一样，时间控制就不同。在白茶萎凋的过程中，室外的自然风是非常关键的，如果今天阵风是六级、七级，微风是一、二级，有时转三、四级，那么这微风就很关键了。因为茶青在日光下晾晒，微风徐徐送过来，能够带走茶叶表面上的水分，又不让它被阳光晒得过热。但如果天气好却很闷热，而且没有风，那么晒的茶青品质肯定不高，它会出现闷味，晒味也会特别重，这就失败了。"

我们到福鼎的时间已是4月中下旬，采访当天，耿宗钦已经结束了他一年春茶生产的高峰期，开始把更多的时间用在审评上。面对审评桌上成堆的写满标签的茶样，他每审评一个，就让一旁的儿子耿锟锟做一个记录。

过了好一会，他才回过头来告诉我们："福鼎白茶能够做白毫银针的时间段，以今年的天气来说，是从3月15号开始，到4月2号结束，基本上在清明前就没有了。至于做白牡丹就要看是什么等级，极品牡丹也要从3月15号开始，高级白牡丹会做到清明后几天，然后再接着做下一等级的白牡丹，如果是再接下来的时段就只能生产寿眉了。在生产效率方面，采白毫银针以及最优等的白牡丹都只能手工进行，一般熟练工人一天能采八到十斤，到做寿眉的阶段就可以机采了。整个春茶季一年加起来的时间大概是四十多天。"

对茶青的标准，耿宗钦也有自己的观点："我一般会在一天中的两个时间段采茶——上午9点多采下来到10点多进厂，这时的茶青肯定好。或者就到下午三四点钟去采茶，然后进厂。正午气温最高、最闷热，这段时间，我一定不采，因为做出来的茶叶会有闷味。"

我们注意到，在生产加工的规模方面，耿宗钦的茶厂在福鼎较有代表性，因为当地有相当多的企业，属于中小型茶企。而像这种类型的企业，一般平时有几十号人手，春茶旺季加上请的临时工，会达到一百多人。稍微不同的是，耿宗钦最大的订单是来自出口市场，主要出口地区是欧洲和美国，主要出口品种是白毫银针和白牡丹。

而内销市场的兴起，成了像耿宗钦这样传统的茶人要面对的新课题。

他也在随着国内消费者的要求变化而推出新类型的产品，比如白茶压饼，这就是从2005年后才开始的尝试。"原来没有内销，现在有了，我也是抱着试探的心态在做，几年下来，感觉白茶储存后压饼的口感还不错。其实过去在民间，因为福鼎当地的老人代代相传说白茶可以治麻疹，所以各家各户有留一点白茶当药用的习惯，不过存量一直很少。"在我们问及相关的问题时，耿宗钦给了专业的解释。

耿宗钦的儿子耿锟锟，是一名典型的80后青年，从十年前就开始跟父亲学做茶。在技术上，耿宗钦对儿子强调最多的就是"做茶不能照本宣科、教条主义，一定是看茶做茶，靠自己的基本功和积累的经验，来判断面前的茶应该怎么做"。

而在对市场的敏锐度上，耿宗钦承认，80后的下一代年轻人比自己更有优势，比自己更懂得分析市场需求，也更通晓与消费者沟通的艺术。而他们这代人的青春，都留在了那些年茶厂机器的轰鸣声里，他一生最清楚和理解的，就只有茶叶。

夕阳下的车间，倾斜的日光投到耿宗钦的肩头，而他一点一点、认真擦拭着身旁的一个大家伙："以前的东西质量真没得说。你看这台大型揉捻机，最早是苏联人的机器，后来由浙江那边仿制，是在20世纪60年代生产的。它可以做红茶和绿茶，也能做新工艺白茶，到现在都很好用。白琳茶厂在当年有三台这种机器，茶厂解体后都没有了，我使用的这台是用一万块钱从福安社口的初制厂那里买回来的，现在都还能正常生产。"他开玩笑地说："这机器如今可以进博物馆了，它已经成为时代的见证。可是我们这代人，从那个时候过来，看看它、想想自己，总觉得那个火红的时代还没有结束。"

青山隐隐、流水淙淙，缥缈的远空夕照下，好像还有当年的歌声传来：

再过二十年，我们重相会，

伟大的祖国该有多么美！

天也新，地也新，春光更明媚，

城市乡村处处增光辉。

啊，亲爱的朋友们，创造这奇迹要靠谁？

要靠我，要靠你，要靠我们80年代的新一辈！

● 夕阳下的厂房静悄悄

　一部泡在世界史中的香味传奇

④

一座茶窖、一片荒园、二十年风雨，
与一位少年的逆袭

1990 年时，中国已是完全不一样的气象了。

1992年1月17日，88岁的国家领导人邓小平坐在南行列车上，开始了他的南方之行。从1月18日到2月21日，邓小平视察了武昌、深圳、珠海、上海等地并发表重要谈话。他提出"要抓紧有利时机，加快改革开放步伐，力争国民经济更好地上一个新台阶"的要求，为中国走上有中国特色社会主义市场经济的发展道路奠定了思想基础。

1992年到1993年是中国改革开放的深化时间段。现如今许多闻名遐迩的大佬级人物，当年都还在寻找自己的定位。中国互联网时代的开创者、

● 福鼎点头是庄长强的老家

联想创始人柳传志还坐着咣咣铛铛的火车，从深圳去广州出差；马云还是杭州电子工业学院的英文教师，业余时间成立了自己的翻译社；华为掌门任正非当时快50岁了，还没有资本、没有人脉、没有资源、没有技术，也没有市场经验，孤注一掷地投入到C&C08机的研发；而如今炙手可热的恒大老板许家印更是刚刚来到深圳，怀揣着一份三十几页纸的简历，在深圳的各个招聘市场奔波求职。

那是一个充满希望与落后的时代。也就是在1993年，作为闽东最知名茉莉花茶产地的福鼎，因为传统的计划经济时代结束，许多祖祖辈辈都以茶为生的人，为了谋求日后的出路，踏上了前往北方的火车。北京作为全国茉莉花茶销售的第一重地，又成为他们的首选。于是乎这一阶段的闽东大地上，到处都有挑着茶叶去北京的身影，这成为当年一道特殊的风景。就在这支浩浩荡荡的队伍中，行走着一个白皙瘦削的少年，他貌不惊人、稚气未脱的脸上有着不服输的神情。他叫庄长强，那年刚满17岁，是闯荡北京城的福鼎人中年龄最小的一个。

"当年我对茶叶，有着一般17岁少年所无法理解的感情。"23年后，我面前的庄长强忆着往事中的自己，感慨道："那年我中学还没有毕业，也没有父母照顾，第一次一个人出远门，就到了北京。"

庄长强的家在福鼎点头，那里既是著名的福鼎大白茶（华茶1号）树种的发源地，也是当年闽东最集中的茉莉花茶产地。享誉全国的福建茉莉花茶的茶坯原料，特别是中高端茉莉花茶的茶坯原料，在过去主要是由福鼎、福安地区的大白、大毫茶树制作而成。而点头产的茉莉花茶历来花料选用非常讲究，凡上等的茉莉花茶都需要精选原料，经过5次以上重复"窨花"的环节才能生产出来，所以口感好，在花茶主销区的市场占有率特别高。作为农家的孩子，庄长强从小就跟家里的几十亩茶园打交道，采茶、采茉莉花、窨花……这些他都亲手干过，所以他称自己是地里长大的孩子，对茶园和茶树有着非同一般的感情。

"但是外面的世界是什么样，我完全不知道。它欢不欢迎我，我就更不知道了。"他笑了笑，继续回忆自己的青春岁月，"来到北方，我先在马连道落脚，然后又去了哈尔滨，还是卖茉莉花茶，一直到2002年，才开创性地做了茶叶枕，成为国内研发茶枕的第一人。"说到如今响当当的"中国茶叶第一街"马连道时，庄长强说马连道那时还只有简陋的马路，没有任何流通市场，只有北京茶叶总公司坐落于此，是整个华北茶叶市场的批发源头。

● 六妙茶窖；六妙日光萎凋室

　　从1996年开始，马连道几乎一年一个样，不断有茶城和茶叶经营户进场。这让许多人见识到了茶叶的力量。只有盛世兴茶，才能撑起这大大小小近二十个专业市场的发展和数千经营户的生存。曾几何时，马连道一铺难求的景象，让人叹为观止。就在这样的背景下，已经是青年的庄长强在2005年进入建设中的茶缘茶城，又在2006年拿到路口两千多平方米店面15年的租赁经营权，其魄力也让人不得不服。而他自己说："虽然这时候，我已实现了财务自由，但还是感觉人生的目标没有出现。"

　　也就在2006年的时候，而立之年的庄长强回到老家福鼎，似乎冥冥中有力量推动着他，让他有了一个发现——渐渐开始有人关注过去在老家从没有内销过的白茶。而且同一时期的福鼎市政府，也在对外推广"福鼎白茶"，种种现象让他下定了决心，从源头开始摸索，做白茶、做好白茶。他认为这件事是可以做一辈子的。

　　做大事者不犹豫。就从这一年，他打出了"六妙白茶"的招牌，把账面上所有的钱都抽出来办茶厂、收原料、包茶园。中间他也走过一些弯路，还被人笑话过。"本地有不少茶农老乡，他们觉得我在大城市待了多年，有了一些华而不实的想法。"说到这里他摇了摇头，"尤其到2009年的时候，我在点头包下了当时几近荒废的4000亩知青茶园，那时根本就没人相信我能把这件事坚持下去，一是因为要花很多钱，二是因为要花很多精力，三是因为这种茶园的产出还不高，别人不明白我图什么。"

其实庄长强深知，建设茶园并非一朝一夕的事，对市场的判断使他敏锐察觉到，要做好白茶要先有好的生产源头，也就是一个好生态的茶园。这个茶园怎么做？他动了很多脑筋。"一开始先是不采，只做茶树的养护，同时又请了很多工人，花了很多时间进行人工除草，我还从浙江买来了很多桃花、桂花、梅花、樱花、紫薇……把这些花，间种在茶园里。之后就是春天采一点，其他时间任茶树自然生长，甚至有几年还让它半荒半废。这样一来，很多人便看不懂我的做法，面对各种冷嘲热讽，我也不想解释。"

● 六妙荒野茶园

为了认真做好源头，庄长强把每年除的草，又重新放回茶园由它在土壤中自然腐烂，形成生物堆肥，然后第二年、第三年……依旧如此进行。他知道，只有这样年复一年地坚持，才能从根本上改变茶园的环境和土壤。茶园里有了多样化的植物，植物开花时会引来许多蜜蜂以及鸟类，茶园虫害自然就有了天敌进行生态抑制，这样就形成了一个纯生态的屏障。

最让他忧心的一件事是，作为福鼎大白茶发源地的福鼎，近年来大白茶树的种植量却下降很多，与另一品种福鼎大毫茶相比，现在的福鼎大白茶，占当地的种植总面积还不足10%。"在多年的市场化进程中，有很多茶农砍掉了芽头不如大毫肥壮、产量也比大毫低的福鼎大白茶，而纷纷改种更高产也更有卖相的福鼎大毫茶，所以在福鼎目前的茶树品种中，最多的就是福鼎大毫茶，它的种植比例恐怕超过了80%。"

看到这种现象的庄长强，小心翼翼地呵护着自己的400多亩福鼎大白茶茶园，因为这片基地现在是国家福鼎大白茶（华茶1号）的保护区，他很是仔细地养护着。"因为资源是不可再生的，做茶的人要好好珍惜。对我来说，其实做茶园是一件风险远大于收益的事，就像当年刚开始的时候那样，多是别人不愿要的荒园，我才接手，所以一开始整个茶园的收入还不够养活护理它的劳动力。为这件事，我也不知受过多少奚落，但是我相信一点，只有从根源上做起，才有好喝的茶，也是值得被人留着慢慢喝的茶。"庄长强很认真地说。

如今走进六妙白茶的工厂，除了茶园以外，最显眼的就是它的茶窖了——在点头镇的大坪村，目前已建成的六妙茶窖有6000多平米，正在建设中的还有10000多平米，而里面储藏的，正是庄长强整整收了十年的白茶原料，场面壮观。这也是福鼎当地的首批专业级茶窖，是庄长强走遍大江南北甚至远赴法国波尔多考察后的结果，现如今这座茶窖已成为国内白茶

● 六妙的工人在忙碌地做茶

储藏的样板级茶窖。

　　"因为白茶和普洱茶一样，具有耐储藏的特性，可是白茶的仓储技巧在过去是一项空白，所以我曾仔细研究了红酒的窖藏，回国后再根据茶叶的特性，打造出了最利于白茶储存的茶仓。"换上一尘不染的白大褂，我们走进茶窖，庄长强边走边告诉我们，接下来他所要建的10000多平方米的茶窖，会在专业上更加严格，其中最主要的是要控制三个方面：一是茶本身的原料好、工艺对，这决定了它的储藏价值。二是储藏的环境要杜绝异味，因为茶叶的结构决定了它有很强的吸附性，所以他选择把茶窖建在空气质量和周边环境都更理想的山间。最后是茶窖的湿度和温度，特别是湿度，它决定了茶叶后期会不会产生霉变。

　　"从每一个流程考虑，打造一个专业级的白茶品牌，这种意识是我一以贯之的。"他笑着说自己这几年的利润，大部分都投入到了茶园的基

● 庄长强

础设施建设上，比如建茶窖、扩大日光萎凋的晒茶场、对茶园进行管理升级……每一项都不能马虎，因为认可度和决定权都在市场和消费者手里。

说到白茶的市场前景和未来空间时，不惑之年的庄长强脸上，又浮现了他少年时代的那种不服输的神情，他说："万事开头难，任何事物、所有行业都是从无到有的，一片空白才意味着有最大的市场和机会。人生从来都是机遇与挑战并存的吧，中国白茶之路，我想我才走了一小半。"他的皮肤依旧白皙，身材也依旧瘦削，从十几岁到四十岁，他用青春见证了一个时代的转变，完成了一个平凡少年的逆袭之路。

至于未来怎么走，他说一个企业家要自己看得清自己，要耐得住寂寞，也要经得起诱惑，要集毕生功力去做这一生最想做的事。

⑤

人说她的任性是愚公移山，
而她说要留下一座可传家的茶园

"没有人能够左右变化，唯有走在变化之前。"这是现代管理学家彼得·德鲁克的一句名言，说明了当人身处在一个转型的时代时，唯有"变"才是永远不变的主题。具体就中国茶业的发展情况而言，若说20世纪八九十年代的中国，还充满机遇的话，那在进入2000年以后，整个行业的商品种类和商业格局已日臻成熟，对一个后来者而言，要在市场发力的难度就极大了。可偏偏就有人在这个时候入场，还偏偏选了一条针对茶叶源头的做茶道路，这又是为什么呢？

● 春天的十三坪有机茶园

　　位于山海之间的福鼎，它的春天是令人难忘的。我们就在春天里，走进了在福鼎市磻溪镇十三坪十分著名的有机茶园——"知青茶园"。

　　事实上，在进十三坪之前我曾翻阅了资料，了解了一些它的过去——磻溪本是著名的国家级生态乡镇，也是福建省重点产茶镇之一，全镇有70%以上的农业人口直接或间接受益于茶叶产业。1958年，全国茶业现场交流会在磻溪镇召开，1959年到1960年，是国家的"大跃进"时期，为此磻溪公社发出了"再造万亩茶园"的号召，各大队利用山坡荒地共建造了两万多亩梯层式茶园。

1971年，磻溪公社组织了一场茶园建设"大会战"，在山湖岗十三坪新建了标准化茶园，茶园的种植和管理者均是当年上山下乡的知青。"知青茶园"的开辟在当年是极其艰苦的。当时人们用了五年时间，经过一锄一锹、一担一筐的努力，硬是用一双手挖了两座山头、填平一个山谷，才形成了规格整齐的茶园。而那坪与坪之间的挡土墙，也是青年们搬运来石头，而后一块块亲手堆叠累积而成的。但在20世纪80年代后，由于知青们纷纷返城，便留下了这一望无垠的茶园，在数十年的时间里被人渐渐地淡忘，默默地抛荒。

直到有一天，一个美丽面孔的出现。

"其实在考察基地时，我们去过福鼎的各个乡镇，从管阳、点头到白琳一路过来，最后才来到磻溪。也许是我与这片茶园有缘吧，虽然找到它纯属偶然，可是一上山后我就知道这次对了。"陈颖说。我面前的陈颖，也就是这片2300亩的十三坪茶园现在的主人。她在说到她与茶园的第一次邂逅时笑了起来："这又是缘分又是挑战，因为那么大的一片山上没有路，当时几乎没人敢接手。"

陈颖和她的"大沁白茶"，可算是近年来福鼎白茶业内快速崛起的一匹黑马，由于起点高、投入大，她常常和她的茶园成为各种头条的焦点。和当地许多传统茶人不同的是，陈颖原本不曾种茶、涉茶。在二十多年前，她和丈夫一起创办了国内化油器行业的龙头企业——福鼎市华益机电有限公司，并且到现在，这个企业都是工业领域的佼佼者。

但是在她的心里，一直有一个茶叶梦，她说："因为我出生在茶乡，从小喝着土陶罐里煮的白茶长大，即使在外上大学，最念念不忘的还是这杯茶。所以就在女儿逐渐长大的过程中，我开始萌发做茶、做茶园，然后把它们当成传家宝留给下一代的想法，因为茶是能做一辈子的事情。"其实"大沁白茶"的"沁"字，正是陈颖女儿的名字。从2011年开始，陈颖用了5年时间，把她的品牌从默默无闻经营到小有名气，她付出了比常人更多的努力。

● 陈颖

"要以工业化的管理要求来高标准地打造农业。"她说。这是她一开始就确立的方向，可是怎么做，这实在考验一个做茶人的决心和信心。人说隔行如隔山，可是这个小巧秀丽的女人偏不信这一点，有多少次，丈夫问她还要不要坚持下去，她都义无反顾地说"我能行"。

做好茶的根本是茶园，尤其是生态茶园。那在一片连路都没有的抛荒茶园里，陈颖做些什么呢？首先是修路，无论是为了企业的生产和管理，还是为了附近村民的脱贫致富，这都是迫在眉睫的事情。"我们修建了从磻溪镇到山湖岗村到湖林村一共14.5公里的水泥公路，解决了这里的实际问题。"陈颖告诉我们，她前后投入了600多万元。在茶山上修路，不但是大路，还包括通往茶园深处的每一条小路。因为她的理想是最终让所有人都受益。

有了路以后，第二步就是建基地。为此陈颖花的心思就更多了。看着几十年无人打理的荒草丛生的茶园，她想出了一个笨办法——全部用人工除草。这些荒草极其顽固，她来来回回反复让人拔了几回才遏制下来，这一下又花了几百万。有人无法理解她，也有人支持她，陈颖自己的总结是："茶是食品，安全最重要，虽然全用人工费时费力效果也不明显，但为了以后这片土地上的茶，能够清透和甘甜，这些付出都是值得的。"

茶园的营养来自肥料，这谁都知道，但是对生态茶园来说，投入有机肥的成本之高，时常让人却步。对话中陈颖自己也说，这是中国茶叶目前最受关注的问题，对此企业只能正视。"我专门请教了专家，一开始我们将山东的羊粪拉回来先发酵几个月，再挖沟埋进土壤，这样没有二次污染。后来我们又用的菜籽饼，因为它的渣营养成分很高。但成本也很高，甚至比羊粪还贵。"陈颖说。就这样，仅仅2015年一年的时间，陈颖花掉的有机肥加人工费用，就达600万元。有人惊呼她实在任性，简直是现代版

● 大沁工厂内景

的"愚公移山"，而她说，要留下一座可以传家的茶园，不能随随便便。

　　一年又一年过去了，原本寂寞的十三坪茶山越来越姹紫嫣红，原来是陈颖又花了几百万元，在茶园山间种植了万余棵山茶花、樱花、桂花、紫薇和桃树。她的想法是，在茶季，到茶园来观光的客人，不但可以自己采茶，还可以现场制茶和品茶。这里还有全方位无死角、高清、透雾的茶园环境监测系统，任何人在全球任何一个地方，只要下载了远程监控系统，就能看到这座茶园的实时状况，实现对茶园管理的全程监控。"哪怕是一滴露珠，也能看得清清楚楚。"陈颖笑着说。

　　磻溪是国家级生态乡镇，更是福鼎白茶的生产重镇，但是一直缺乏一个像样的茶叶市场，过去茶农们要卖茶青必须赶到位于点头镇的茶花交易市场，这在繁忙的春季非常浪费时间，对茶青的质量也有影响。陈颖看到了这一点，就在磻溪镇双溪西路上投资建设了面积3000多平方米的茶青交易市场，解决了附近的茶青交易问题。而她说，等明年正式开市后，自己位于山间的工厂也能开足马力生产。"我的计划就是将茶园与茶厂无缝对接，让茶青在最好的状态进入生产环节。"她的表情非常认真。

　　在"大沁"占地100亩的工厂厂区内，所有的设施建设刚刚完成一期。可以说，这里无论是高标准的自动化生产线、日光萎凋房，还是全实木、温湿控制的专业大型茶仓，在福鼎都是首屈一指，其投入也是惊人的。可是陈颖还觉得不够，她的心里烧着更明亮的一团火，她说："我曾经白手起家，从一台打磨机开始做到现在有一千多名员工，靠的就是福鼎人能吃苦的精神。如今有了这片茶园，我更没有后退的道理。因为农业是要做一辈子的事，我要看得长远。"她还在一心一意地修筑着自己理想中的"世外桃源"，打造一个中国茶叶的梦——从脚下的茶园开始，实现白茶的自

● 大沁茶园中的采茶姑娘

然生态，让每一片茶叶有更强的生命力和更理想的生长环境。

"每一个人都在从前人手中接受遗产，然后短暂持有，又把它交给后来的人。这是生命必经的路，我在这条路上要慢慢走，要走得更慢一点、更久一点，好给后来的人们，留下一座可传家的茶园。"陈颖笑了笑说。她已洗净铅华，却还是眼波明媚。

6

海拔1200米的澄源乡，
是他穷一生寻一壶好茶的桃花源

晋太元中，武陵人捕鱼为业。缘溪行，忘路之远近。

忽逢桃花林，夹岸数百步，中无杂树，芳草鲜美，落英缤纷，渔人甚异之。

……

村中闻有此人，咸来问讯。

自云先世避秦时乱，率妻子邑人来此绝境，不复出焉，遂与外人间隔。

问今是何世，乃不知有汉，无论魏晋。

1000多年前的魏晋名士、中国田园诗派创始人陶渊明，让我们认识最多的，是中国传统社会农耕牧织的美好。而在如今，被时代和各种流行风潮裹挟着亦步亦趋的现代人，总是身心疲惫。很多人因此倾心于茶，想从这上天恩赐的自然风物中，窥得时光的美妙以及生活的真谛，却也是不得要领者居多。

我考虑这个问题的时候，是在通往政和县高山区所必经的隧道公路上，就在度过黑暗与光明交织的80分钟后，我到了澄源乡。衣着朴实无华的曾世平，早就在路口等我们。他指着前方一大片的山岭说："这里就是1100多年前，唐宣宗时的银青光禄大夫许延二开拓的基业，也是政和的传奇。"

的确如曾世平所言，澄源是政和县最大的一个乡镇，其乡风朴素、古迹众多，而古老的宗族又给当地留下了深厚的家风。此外，澄源还是一个老茶区，在新中国成立前就闻名遐迩。现如今这里的茶叶种植面积居整个政和县首位，占全县茶叶总面积的25%左右，年产量达到30000担以上。

● 蓬勃的新芽

年过半百的曾世平，现任祥源茶业产品研发中心副总经理，负责白茶产品的生产和开发。他从安徽农学院（现安徽农业大学）茶叶专业毕业后，和茶叶打了三十多年交道，而且因为过去在进出口公司的工作经历，他走遍了整个福建，所以对茶叶的品质管理和工艺把握极其娴熟。

　　2014年是曾世平制茶生涯的分水岭。在加入祥源茶业的团队之后，他就奔波于寻找最佳风土之路上，因为只有具地理优势的好山好水，才能滋生出天赋优异的好茶。他来到政和时正是春天，山间雾气缭绕，他到澄源乡石仔岭生态茶园，结识了现在的工作伙伴——政和云根茶业有限公司的负责人许益灿，两人一拍即合，他就决定留下来，不走了。

● 石仔岭茶园

　　一部泡在世界史中的香味传奇

要说这许益灿，也是个茶痴。作为土生土长的澄源人，他从小闻着浓浓的茶香，成了家里最爱茶的那个人。对往事，许益灿颇有一些感慨："在清末民初的时候，澄源到处是做茶的人家，我祖父开的茶号是乡里最大的，而我父亲和二叔在祖父的言传身教下，学了一身好本领。"

原来在民国年间，澄源乡是政和产茶的重地，有大量的白茶出口。许益灿曾经听父亲说，当时县里最出名的传奇茶商宋

● 澄源乡过去有很多老茶号

师焕，因与许益灿的祖父友谊深厚，所以由他经销、销往海外的"义和号"白毫银针，有相当一部分出自许家。新中国成立以后，许家茶号和当地其他一些大大小小的茶庄一起，实行公私合营。从此是长达数十年的计划经济时代，许益灿的父亲和叔叔跟着生产队一起做茶。到1976年，澄源乡成立了集体所有制的澄源茶场。

1997年，由于集体所有制的澄源茶场已经走下坡路，许益灿就租赁了20年的厂房，包了茶山，办起了茶厂。澄源石仔岭生态茶园，前身是澄源乡茶场，后来经过许益灿之手，一点一点、一年一年地扩大，现在已经有了5000亩的规模。这座海拔最高有1200米的高山上的茶园，是福建省内海拔最高的茶园之一，也是有机茶生产基地。我们走在茶园里，只见随处都

是树龄在30-70年的茶树，品种涵盖了政和大白茶、福安大白茶、金观音、黄观音、梅占、台茶12号、瑞香、紫玫瑰以及一些当地的小菜茶。

曾世平和许益灿相见时，正是这个澄源人冥思苦想的时期。原来中国近六十年来的茶叶发展，和中国社会的整个民生情况和上层风向密切相关，这些年的政和茶业也跟大环境一

● 曾世平

起波动，做的茶叶品类是红（红茶）了花（花茶）、花了绿（绿茶）、绿又变红，红完以后，就是从2006年开始的白茶热了。这股热潮从闽东的福鼎起步，十年间席卷了整个中国大陆。中国白茶，以它最自然的工艺和最朴素的风貌，赢得了大量消费者的青睐。

"因为我最早也是做花茶、绿茶的，政和县在20世纪八九十年代时，茉莉花的产量还很大，我都是采购茉莉花原料做茶坯，供给外地。后来高端红茶金骏眉热销，带动了红茶市场，政和工夫红茶借机重新崛起，成为我的一次机遇。到2006年前后，白茶在国内兴起，于是我开始摸索白茶的生产工艺，再后来遇见了曾总。"

由于白茶的生产始终存在一些难点和盲点，所以两个男人的促膝长谈，成了一场十分认真的工艺研讨会。到最后，曾世平轻轻地触摸着一株翠绿的茶树，对许益灿说："这里的高山茶园有这么出色的生态环境，我们只需用心，继续提升工艺，其他的，就交给时间来回答吧。"

两个人相视一笑。几天后，茶厂的机器声就在春天热切地响了起来，

在宁静的山乡中，响得格外悦耳。

　　曾世平和许益灿遇到的头号难题，是白茶最关键的环节——茶叶萎凋。这样高的海拔，春天的时候温度低、湿度大，对白茶的生产形成挑战，所以在曾世平来此之前，当地的茶企通常都是将鲜叶运送到低海拔的山下进行加工，因为在高海拔地区，白茶的萎凋存在不小的技术难度。

　　为了这片茶园，曾世平在澄源一待就是两年，他把住处安排在离工厂不远的乡招待所里。他每天上班的第一件事就是去生产车间，查看前一日生产茶叶的情况，以便及时跟踪或调整生产安排。他带领祥源茶的技术团队，夜以继日地摸索，最终通过不断地改进工艺、不停地测试，终于成功突破高山区白茶的加工难关，开创了大规模高山萎凋制作白茶的先河，呈现了高山白茶的独特品质。

　　而许益灿在制茶季又是怎么过的呢？由于澄源早晚的温差非常大，所以做茶叶，尤其春茶对制茶人来说是一种考验：在白天温度最高时，地面温度达到30℃，晚上只有11℃左右，整整相差20℃。此外，晚上湿度最大时，山间的雾气会整个压下来，跟白天比也相差甚远。"做茶尤其做春茶是万万不能偷懒的，因为白茶的萎凋非常关键，靠自然的风和日光来萎凋，时间要六七十个小时。生产周期比较长。而像今年春天的两个月茶季，只晴了十几天，使得做茶时的湿度非常大，这就必须要靠设计人工环境调控系统来解决。在关键的工艺环节，人要看紧，不然一不当心就出错了，所以，我经常会三更半夜爬起来看茶叶的制作情况。"许益灿笑着说。茶人在茶季的工作时间是24小时不间断的，因为做茶叶就是看天吃饭，茶季的茶青又不可能等人。他还有过三天三夜不睡觉的纪录，实在困得厉害了，就和衣在厂房的地上对付一会。

在这样的付出和努力下，两个茶痴所制的祥源"高山寿眉"在2015年一上市，即好评如潮。到了2016年春天，他们又推出了另一力作——祥源政和"高山牡丹"，结果又成为市场热点。

说到这两年来的成果，作为技术攻关人的曾世平，一边思考一边说："在基地方面，要思考如何保护和管理海拔1000米左右的高山茶园的生态环境。如何从源头保障鲜叶的安全质量。如何管理鲜叶的采摘。在加工技术方面，要思考怎样通过制茶技术的提升和改善，使传统技术的小单位生产成为规模化批量生产，比如传统的工具竹筛与现代的技术去湿技术相结合。要思考如何实现技术上的传统与现代方式的结合，比如在低温高湿度环境下使用萎凋控制，实现对不炒不揉的白茶工艺技术的把握来获取适口的感官品质。在仓储技术方面，要思考如何存储和陈化好的白茶，来为广大茶叶爱好者提供安心、适口、营养和高性价比的白茶产品……"

随着整个中国白茶内销形势的走好，出自澄源高山的白茶，由于其口感出色，受不少人追捧。而曾世平从寻找、发现，再到充分利用小产区优质茶叶资源，做到了一步一个脚印。"因为产品是根本，核心的产区、扎实可靠的技术，以及真正令人安心的品质、稳定适口的质量，每一样都不可或缺。也正是白茶的这些优点，让大家爱上它，不离不弃！"这个腼腆的人说，声音竟然有些激动。

高山云雾出好茶，茶叶也有它的桃花源。澄源人世世代代生活在"有良田美池桑竹之属，阡陌交通，鸡犬相闻"的山林深处，在田园风光和物产丰富的自然环境里，完成了一辈又一辈的繁衍和休养生息。有许多像曾世平、许益灿这样的普通人，生活在书声琅琅和缕缕茶烟里，诉说着中国式生活的自得其乐。

"到哪里都记得这一片茶叶，到哪里都想喝到熟悉的这一杯茶汤。"

● 澄源乡青云寺

曾世平说。在澄源村中的街市，我们一路从供销社的商店走到村里的小饭馆，熟悉的乡民走过，都一一和我们打招呼。而曾世平竟然也像一个本地人一样，对乡亲们摆摆手。他说自己有时也会想起故乡闽南。

　　"也许这里，就是我今生的桃花源吧。因为一片小小的茶叶，我找到了可以托付一生的幸福。我的理想，不过是为大家捧出一壶值得信赖和品尝的好茶。"曾世平笑了笑。

　　不知名的山花，这时纷纷落下，白了我们的肩膀，也白了澄源的山峦。

他们都是在新旧观念交锋中的
70后茶人

一切都存在，同时又不存在，因为一切都在
流动，都在不断地变化，不断地产生和消失。

　　早在两千多年前，古希腊哲学家赫拉克利特就对世界的转化提出了以
上观点。因为从客观上来说，万物是永恒地运动、变化和发展的。我们身
处的时代、社会、地点，都遵循着这种朴素而真实的原理。

　　我们在政和的采访工作安排得紧锣密鼓，几天的时间，就和制作政和
白茶的几位非物质文化遗产传承人和手艺人有了深入交流。而令我略感吃

惊又有些喜出望外的是，他们中的余步贵、杨丰、刘际浩和黄礼灼全部出生于1970年后，其中最年轻的黄礼灼，更是75后。

而这些70后与茶的第一次交集，大都从他们少年时就开始了。

"原来在计划经济时代，这里就是石屯茶叶精制厂，我们是20世纪80年代成立的私营企业，原来是以政和县茶厂为中心，每个乡镇允许成立一家茶叶精制厂。石屯是茉莉花产区，我父亲做茉莉花茶的茶坯，供应给县茶厂做茉莉花茶。我印象里，从1988年开始，一直到1993年，我们公司都是在做茉莉花茶。"身材偏胖的黄礼灼，高个、圆脸，他回忆中的自己，从读初中开始，就每天到市场上去负责收购茉莉花，然后再到福州收购玉兰花，还会通过对香港的茶叶销售获得一些港币，好去福州炒外汇，"当时市场流通放开了，但货币兑换还没有那么自由，我们做个体经营的有时要通过'黑市'换钱。"

被黄礼灼提到的政和县茶厂，与刘际浩的成长密不可分，因为刘际浩的父亲刘开林，曾经是政和县茶厂厂长，他从1964年进厂到1993年政和茶厂倒闭，见证了国营经济从发展壮大、如日中天到日渐衰落的整个过程。

刘际浩说："我从小就看我父亲安排厂里的生产。在计划经济时代，我们这边还要去浙江调茶叶，比如金华，因为政和茶厂一年要做40 000担花茶，但自己原料不够，就要到外面调。当时茶厂生产都是由省茶叶公司统一安排调拨的。"

在当地文献资料的描述中，新中国成立后福建省成立最早的国营茶厂是1950年设的福州茶厂，同年，福安茶厂和福鼎茶厂也成立了。政和茶厂是1952年成立的，前身是当地的个体作坊，新厂房到1954年才正式落成。在当年地区级茶厂的任务规划中，直到1960年以前都是福安茶厂做总厂，

● 刘际浩　　　　　● 余步贵　　　　　● 杨丰　　　　　● 黄礼灼

福鼎和政和两地茶厂做分厂，所生产的福建省三大工夫红茶归在一起，最后精制完了交给总厂。由于在20世纪60年代以前，国内的红茶全部销往苏联。而在中苏关系突然变化之后，中国红茶面临着销售困难。所以最后政和茶厂就主营茉莉花茶。

　　"再后来就到了80年代，茶叶生产销售放开了，茶厂就不行了。面临市场竞争，政和茶厂在1993年陷入停产，到1999年彻底倒闭，茶厂工人全部下岗。"刘际浩说，"我当年从安徽农业大学毕业后，在1992年到1993年间，也在老茶厂待了一年，眼看茶厂确实撑不下去，于是从1993年开始我自己办厂。"

　　在政和当地，计划经济时代有过两大茶厂，除了在1952年成立的政和县茶厂，还有在1958年创建的国营稻香茶场。这是一家隶属于国营农垦系统的企业，余步贵曾是稻香茶场的职工。

　　"我是受伯父的影响，在初中毕业那年，也就是从1986年开始，到茶场学习茶叶生产加工，直到1992年3月才正式成为稻香茶场的职工，到现在我一直都没离开过。"几个人当中最不善言辞的余步贵，从进茶场开始就学做政和白茶，和茶叶打了二十多年交道。他告诉我们，当年因为稻香茶场是一家以外销为主的企业，所以主要就是做花茶和白茶。而当时因为国家的管控，政和白茶不能直接销往它的主要目标市场港澳地区和东南亚，所有的白茶只能通过福建省茶叶进出口公司销售。

"稻香茶场的国有经营方式一直持续到1999年，从2000年开始才采用承包经营模式。那年，我承包了茶叶加工厂，独立经营。"余步贵说。2003年时，稻香茶场正式改制，出于对老茶场的感情以及对茶叶的兴趣，余步贵联合另外两位老职工组建了"稻香茶叶有限公司"。在2006年之后，他们除了做外销市场，也打开了相对固定的内销市场。

90年代初期是政和茶业的一个分水岭。1993年，22岁的杨丰也挂出了自己的第一块招牌"鑫隆茶厂"。他的父亲曾管理着一座老茶厂，使他从

● 过去民间制作白毫银针采用的抽针法

小就结下茶缘，他的姐姐和姐夫又都是政和县茶厂技术车间的工人，早在20世纪90年代初他们就下海，带动了当时正年轻的杨丰创业。

"一开始考虑生存，我主要做茉莉花茶和绿茶，因为政和是茉莉花之乡，90年代的中国茶叶市场又以绿茶为主。红茶和白茶在当时都是兼带生产的，白茶一开始的销售也还是通过外贸系统。"杨丰说。

在政和所有的本土茶人中，杨丰在社会上的名气最大，因为他对茶技术和茶文化的研究都颇有心得，并且数十年如一日地推广地方名茶。尤其特别的是，他还有收藏民间地方志和各种茶叶样本的爱好，他自豪地说自己拥有从20世纪50年代开始一直到现在都不间断的白茶样本，都是当年各国营单位的留样。现如今杨丰的"隆合茶业"，已是一处集生产加工、文化展示、体验教学为一体的茶文化博物馆。

清末时期，政和白茶有过一段相当辉煌的历史；计划经济时代，政和白茶和福鼎白茶以及建阳、松溪等地的白茶一样，统归国家外贸销往国外市场；而在2005年以后，由于福鼎白茶一骑绝尘，打开了中国内销市场这个口子，从此带动了福建各地的中国白茶市场。可是在白茶复兴的过程当中，身处传统与市场交锋中的茶人们，也面对着各种问题。

杨丰说，对制政和白茶的传统，据他观察，在民间自己做茶晾青的老百姓，还占了相当部分，尤其是铁山、东平和石屯这一带的茶农都这么做。因为当地民众一直以来很少接受外围市场环境和思路的影响，也不刻意追求产量，而是根据老传统和经验做茶，基本上就是靠天吃饭。而他的茶厂生产，是一分为二的实践——整个工艺流程都按照传统方式，而整个工厂环境更符合设计要求，做到科学衔接和生产优化。用杨丰的话说就是："严守传统，坚持标准。"

"举一个例子，对空间的运用，我是把最具政和特色的廊桥搬进了生

● 复式萎凋茶叶的廊桥　　　　　　　　　● 杨丰看茶

产场地。为什么？因为政和廊桥以前叫风雨桥，人走过时一边通风一边还可以挡雨，那同理推证，我用传统工艺结合环境的优化来做茶，容易事半功倍。"杨丰解释道，由于政和白茶的萎凋属于复式萎凋，就他的生产量来说，如果要让工人一个筛子一个筛子地推出去晒，工厂就有12 000个晾茶筛，没有摊放场地。那根据茶叶的状况，该室内萎凋的就在廊桥内摊晾，该日光萎凋的在室外摊晾，结合起来就是复式萎凋，然后进行干燥处理，无论是晒干还是用炭火烘干，用传统工艺都能完成。

　　"我们一次做两三千斤的茶青，这还要看天气。要是天气好，茶叶直接生晒至足干，我就不用炭火；而且天气好了人工成本也低，一样的工人我能做更多事情。比如2016年时，4月茶季时雨水特别多，再加上2015年年底霜冻的影响，茶就很难做，我们当地的茶叶普遍减产。"杨丰带我们走过他的博物馆式工厂，坦言无论是传统工艺还是工业化生产，茶叶的品质都有高低之分，如果只用传统工艺生产，那么遇上天气不理想时，会导致茶叶在制作过程中每一批次的质量参差不齐。

　　对这一点，另一位工艺精湛的70后——余步贵也同样表示："2016年部分地区的白茶品质不太理想，整体茶芽个头瘦，这主要是因为它受霜冻影响，采摘季节推迟，后期又天天下雨，催快了茶树芽头萌发，这对茶叶品质影响比较大。"

一直以来，我们听到一种说法——政和白毫银针在过去民间的生产方式，与福鼎白毫银针有很大不同，于是通过采访原福建省茶检中心主任陈金水，我们得到了确切答案："传统福鼎白毫银针和政和白毫银针的生产区别是，福鼎白毫银针是在茶树上没有长出叶子的时候，就直接采芽头；而政和银针的采摘方式是，长出叶子以后采下来抽针。这种抽针的采法对茶树来说会好些，对银针品质则有一点影响，因为叶子是从芽里面长出来的，当茶芽抱着叶子的时候，它重量更重，内质也更饱满，也就是说会更短、更肥壮和结实。而过去民间生产政和银针，老百姓都习惯抽针，所以抽针以后的茶叶更细小、更瘦长。"

福鼎白茶和政和白茶都是福建省著名的外销特种茶，但是两者的销售市场一直不同。以清爽、淡雅、鲜灵见长的福鼎白茶，主要市场在欧美地区；而醇厚、高香且更耐泡的政和白茶，长期销往中国香港、澳门地区和东南亚华侨集中的国家。而国内很多消费者都不太清楚福鼎白茶和政和白茶的风格。

对这一点，一直专注白茶外销、从上初中开始就会换外币的黄礼灼描述道："现在有个关键的问题，就是消费者的口味、对茶叶的理解，和我们过去按国家标准生产的产品很不一样。比方说，目前国内市场流行偏绿的白茶，这若在传统市场上是根本卖不动的。我们原来出口港澳和东南亚的白茶，看起来是铁灰色，和现在完全不同。而香港市场消费的寿眉，以前在计划经济时期大多是较低端的白茶片，偶尔会有小白茶做的贡眉。因为粤语发音，香港人很不爱听白茶这个名字，所以白茶在当地一律都被叫作'寿眉'。而现如今香港人说的寿眉，大部分是政和白茶中等级为二级和三级的白牡丹，随着社会经济的发展，它们几乎代替了原来的寿眉。"

黄礼灼的白牡丹茶叶有限公司，是政和县唯一一家以茶叶品类命名的生产企业，它也是政和县茶叶行业的首家一般纳税人，首家私营茶叶出口企业，同时也是商标获得海外注册的第一个企业。涉外经济贸易专业毕业、在2004年即回国创业的黄礼灼，十多年来对白茶外贸风云的观察和体会，可谓细致入微。

2006年，《中国食品报》刊登了美国针对白茶做的一些保健功效的研究消息，当时提到中国白茶能治疗糖尿病、促进视力以及保健口腔，而美国报纸也转载了这个消息。这一报道引起了世界茶叶巨头——英国立顿公司的关注，他们派人来到中国，当年就下了三百多吨的订单，白牡丹茶叶有限公司供应了此订单一半以上的白茶数量。特别有意思的一个细节是，由于中国人黄礼灼给英国人讲了宋徽宗和政和白茶的故事，结果立顿公司打出的立顿白茶广告是："白茶，曾一度是皇家贡品，与红茶和绿茶相比，白茶更为珍奇，所以价格昂贵。"这让对中国文化非常感兴趣的外国消费者着实狂热了一把。

我们所到的政和，虽然在福建省整个地区经济排名中落后，但是它的生态条件非常优越。这个传统农业县的茶园管理模式，更多呈现出一种自然随性的状态。根据我们到的基地情况来看，本地的茶人正在大力发展有机茶园和前些年被抛荒的茶园。

"现在消费者又开始追求野茶了。"余步贵说。他认为市场的流行趋势还是要结合生产地的自身情况才更理性，毕竟只有当空气、环境、土壤、周边的水源等种种条件都符合生态茶的标准时，才能呈现一泡上佳的有机白茶。"而这些，还需要更科学的标准和执行。"他的话诚恳而认真。

"其实有越来越多的人，已经深入源头，来寻访白茶的产地和传统工艺，因为现代人把白茶的健康属性看得很重，政和白茶算是赶上了好时候。"杨丰也不无感慨，他希望现代人在茶叶的品饮属性以外，更多关注茶的美感和由它带来的生活方式的变化，因为社会文化才是推动中国白茶发展的内在要求。

● 政和年份白茶

采访结束时，1977年出生的黄礼灼，正在嘱咐工厂发一批货。只见一箱箱用茶叶一号标准箱包装的"中国白茶"，被工人有条不紊地装上车。而黄礼灼还在考虑，能不能通过对茶叶深加工，进一步扩大白茶的销路，他希望拓展新的消费领域。

"因为一切都在流动，都在不断地变化。这个有秩序的宇宙对万物来说都是相同的。它的过去、现在和将来是一团永恒的活火，按一定尺度燃烧，一定尺度熄灭。死与生、梦与醒、老与少，是同样的东西。后者变化，就成为前者，前者变回来，则为后者。"先贤赫拉克利特穿越两千年的哲思，至今回响在我们每个人的耳边。

⑧

他用15年辟出2000亩生态茶园，
至今只敢采摘它的十分之一

让中国市场与国际经济接轨。

这是20世纪90年代末期，最契合中国国情和人心的标语。在中国经济逐渐复苏并发展之后，人们对开放、自由、增加财富的渴望空前高涨。也就在这时，中央经济工作会议明确提出实施西部大开发战略；之后在席卷中国的网络科技股热潮的带动下，中国股市高涨，上证综指从1100点之下开始，涨到1700点之上，涨幅超过50%，创造了空前绝后的1999年"5·19"行情；之后经历了15年漫长历程的中国入世谈判结束，中国正式加入世界

● 叶启唐

贸易组织；再后来，中葡两国政府举行政权交接仪式，中国政府对澳门恢复行使主权，澳门回归祖国。

那是一个波澜壮阔的大时代。但对于来自福建闽北山区的青年叶启唐来说，他的职业人生才刚刚开始——那一年，他从安徽农业大学茶学系毕业，开始迈入社会。

"我老家是政和，紧邻山清水秀的松溪。而松溪在历史上隶属于北苑贡茶的产地，也是茶叶入闽的主要通道，这里产的绿茶、红茶和白茶，都非常有特点。"秋后，山里的阳光已不那么烈了，我们深一脚浅一脚地走在斜得厉害的山坡上，一边走一边听叶启唐讲他与茶山的故事，而我手里拿着一份《松溪县志》。

确实，松溪有关茶叶的历史可追溯到千年以前。

闽北茶叶志《建茶志》曾记述："最早见于文字记载的建茶，始于唐代"。建茶产区范围则"包含闽北之建溪两岸及其上游，东溪之北苑，壑源和崇阳溪之武夷以及延平半岩茶"。松溪县地处建溪上游，唐代属建宁县东平乡，正是建茶产地之一。而明嘉靖年间的《松溪县志》中也有"叶以谷前采者，制为松萝"的记载。

"十月摘茶是立冬，十家茶行九家空。

茶篓放在烟楼上，扁担放入姐房中。

十一月卖茶雪花飞，山上雪花送寒衣……"

这是一百多年前就流传在松溪茶农中的《十二月摘茶歌》，这从另一个侧面，让我们窥见了当时的繁荣。松溪有这样的过去当然和它的自然条件分不开。它地处闽江源头武夷山脉南麓，气候温暖湿润，四季分明，森林覆盖率达75.7%；山地土壤多属酸性岩红壤，并含有丰富的腐殖质，土层深厚疏松；此地的茶叶生产地海拔多在300-500米之间，地势平坦，山水相宜，具有独特的山地小气候。

从地理位置上看，松溪县地处闽北边陲，与浙江省庆元县交界，是福建省通往浙江的重要门户，因古时沿河两岸多乔松，有"百里松荫碧长

● 金峰山原生态茶园

● 有性群体种菜茶，种植面积占整个金峰山茶园的60%

溪"的美名。从茶区的划分上，它在1960年与政和县合并为松政县，1962年时拆分。1970年复与政和县合并为松政县，在1974年又析出置县。松溪人的整个茶叶生产思路与政和人相近，计划经济年代松溪所生产的白茶也像政和白茶一样，送往福建省茶叶进出口公司对外销售。

"我们老家大多数人都会采茶做茶，所以我从8岁起就跟着母亲到邻村收购毛茶，换来的收入是我当时的学费。母亲教我要善待做茶的人，也要善待茶叶。"叶启唐说。他在1976年出生，而在他出生的前一年，松溪县产茶12 166担，首次突破了"万担"大关。

20世纪80年代，时任福建省委书记的项南在松溪召开全省茶叶工作流动现场会。他查看了松溪茶业的生产现场，提出了"南有安溪、北有松溪"的概念。自此，松溪成为全省茶叶高产"状元县"，其中松溪绿茶的产量占到全县茶叶产量的90%，一时间"绿"遍天下。

没有人意识到，数年后松溪茶叶面对市场时的困境也是从这里开始的。

"我从2001年就开始做基地，就是你看到的这片茶园。一开始一年做100 000斤的绿茶，简直让人发愁，因为绿茶做多了以后实在是卖不完，茶园也不挣钱，茶厂更不挣钱。而我们的有机茶尽管生态好、滋味醇厚，但成本居高不下，经营起来非常难。"2000年时的叶启唐，刚刚25岁，他结束了在福建省茶叶进出口公司为期一年半的学习，成了一名公务员——福建省监狱系统的人民警察，主要的工作任务是在监狱办的茶厂当技术员，指导3000名犯人采茶和做茶，传授给他们制茶的技艺。对那种生产场面，他的形容是"浩浩荡荡"。

21世纪初，中国南方的其他地区经济改革正如火如荼，一直没摘掉戴在自己头顶的"福建省贫困县"帽子的松溪，却反应缓慢。叶启唐单位的茶厂，因为有4个大队，也就是4个工厂，每年茶叶的产量多到让人为难，所以销路一直是最牵动他们心情的事。

叶启唐挠挠头说："我们做的茶叶曾卖给江苏宜兴人和安徽峨桥人，因为他们当时批发的量很大，有几千上万斤。到后来我们产的茶叶越来越多，他们的购买力也有限，就有北京马连道的茶商到我们的茶厂采购，但是没想到我们碰到了拖欠茶款的问题。"

"为了给单位追讨欠款，也为了看看茶叶以后到底要怎么卖，还是单身汉一名的我被领导指派到了北京。2001年8月，我独自在马连道租起了房子、赁下了门面，蹲在街上，一边卖茶一边催账。而我那时的身份还是人民警察，但我卖茶时从不敢穿警服，因为会把客人吓跑。"

这一年对叶启唐的影响很大，因为他遇到了合作至今的搭档——从福安茶校毕业的一位师兄，这位师兄对茶园管理和品种栽培都颇有心得，他们一见如故，更为重要的是他们都有在茶园基地开始做有机茶的情怀。于是乎，他们拿下了原集体所有的松溪县渭田茶厂的2200亩茶园的30年的经营权和使用权。这是一片肥沃、有机质含量高、矿物质营养元素丰富的土壤的茶园。此处海拔一千多米，因为日照充足、云雾缭绕、漫射光多，有

● 一眼望不到头的金峰山茶园

利芳香物质的合成；同时昼夜温差大，有助光合产物的积累。加之此地充足的降水使其湿度相对较大。种种的气候特征及地质条件，造成这片茶园中所产的茶叶，具有香高韵长、味甘鲜爽的品质特征。

"我第一次站在自己茶园中的时候，心情特别好，因为是做茶又是学茶出身，我对茶山有特别的感情，我在这里待上一整天不说话都是可以的。"叶启唐回顾自己年轻的日子笑了笑。

2002年，26岁的叶启唐向上级复命。他在当年除了追回欠款之外，还完成了两百多万元的茶叶销售额，这在当时的茶场是一大笔钱。而他很清楚地记得，自己在年底被单位授予了"先进工作者"称号，收到了奖金——100元人民币。

"2005年福建省监狱系统开始进行生产转型，生产方向由室外的茶叶加工，改为室内的服装来料加工，这使我很纠结。因为从小就听母亲说人要善待茶叶，所以我大学进了安农茶业系学习，毕业后又到福建省茶叶进出口公司进行学习。在多年不断的茶事实践中，尤其在来到有丰厚文化底蕴的北京，我在和众多茶友的交流学习中发现，自己已经离不开茶了。"于是就这样，带着坚守有机茶的情怀，带着对福建各茶区茶园的观察经验，叶启唐在福建当了10年的警察后，于2010年，他取下戴了10年的肩章和警徽，摘下警帽，成了一名自由职业者。

　　"我放弃了公务员的身份，有人不理解，因为这意味着从此后的一切，都没有国家保障了。"在他人异样的目光中，叶启唐正式下海，他加倍用心照顾自己的茶园。

　　在边走边说中，我们已来到茶园的半山腰。叶启唐指着一株茶树告诉我们，眼前的品种是当地的有性群体种菜茶，叶子比较小，它的种植比例占到整个茶园面积的60%。在松溪主张以绿茶立县的年代里，当地人都用小菜茶去加工绿茶，因为松溪菜茶做的绿茶口味好，有特别的清香而且耐泡，用来做茉莉花茶的茶坯也不错。及至后来在席卷全国的红茶热、白茶热中，松溪菜茶的表现不凡。

　　我注意到另一株茶树的叶子上有许多虫洞，于是提出了疑问。叶启唐回答说："这都是有30年以上树龄的茶树了，它的品种是福鼎大白茶，你看到的叶子都被虫咬过。而我们的土办法就是让虫咬，让茶园发挥自身的修复和调节能力。反正产量多得采都采不过来，就让它吃一点。"

　　"采都采不过来"是叶启唐面临的最尴尬的问题——他在这片茶山栽了70多亩树木，遍植于山顶到山脚。这样能在茶园形成防护林，不仅是遮阴的绿色屏障，还可以调节茶园的小气候，涵养水土，改善土壤的湿度和温度，增强茶树抵御干旱的能力；茶园里的茶树长到一定高度时，他会动用修剪机切掉一部分，将树枝放到茶树的根部堆肥，一年一年地堆，作为茶树的天然肥料；另外，他每年还要购买大量的有机肥以促进茶山的生态平衡，一种是植物纤维，另一种是从附近养鸡场、养猪场和养牛场拉来的动物粪便。它们经过微生物处理以后变成了有机肥。1吨有机肥的售价按等级从700到1000多元钱不等。按照2016年的情况，叶启唐开采的700亩茶园中就用了1000吨的有机肥。

"我每次看到茶园时就压力特别大，因为生态再好，没有办法把茶叶变成收入，养活茶厂和工人，就还是没有价值。而市场是不会同情弱者的。"原来叶启唐的2000亩茶园，一年的收入不到170万，再扣掉投入的养护成本和员工开支，便处于破产状态。于是，他面对长势良好的茶叶只好放弃采摘，实际开采的茶园不到茶园总面积的十分之一。因为一旦放开开采，产量就太大了。即使以最优等级的名优茶计算，这里的春茶每亩产60斤，2000亩就是12万斤。如果再加上中档茶的产量，他完全不敢想象要如何销售。

"这些年来为了保住茶园，我一直都在摸爬滚打。绿茶不好做了就做红茶，红茶热完了以后就认真研究白茶。"2010年以前，在福鼎白茶销售越来越红火、政和白茶生产也在抬头时，松溪还很少有人认识到白茶的市场价值。反而因为内销没人买、出口没门路而使得松溪白茶一度滞销，最低谷时在2004年跌到8元钱一斤。

这个价格让叶启唐实在吃惊："没有名气就没有市场，没有市场茶价就低落，这会伤害农民的积极性。"所以直到目前为止，松溪白茶的整体产量还是很少，此地依旧是红茶绿茶满天下的格局。全县六万亩的茶园，红茶占其中的一半。而因为缺乏品牌效应，松溪所产的红茶、白茶大多只是做原料供应，附加值特别低。

但是白茶能够在国内热起来，从全部出口到以内销为主，主要就是因为这个时代的消费者需求——它的生态性和保健功能突出，是业界和民间公认的。松溪的白茶卖不出去，不是因为茶叶不好，而是因为没人知道。

认识到这一点，叶启唐从2011年开始，加大了对白茶的种植和研究投入。现如今在他郁郁葱葱的茶园里，除了当地菜茶，还有了福云595、政和大白、福鼎大毫、福鼎大白等适制白茶的优良品种。而他的茶园连续7年通过瑞士IMO国际认证，符合欧洲EU、美国NOP有机茶标准，是国家级的农业标准化示范基地。他的最大客户是以讲究出名的日本人，他们甘愿自掏腰包拿出一百多万元，在茶季为这片茶园覆盖黑膜，用每年4月10日至5月1日间的茶青，生产最高等级的蒸青绿茶。

用有机菜茶制作的小白茶，虽然天然，有绿茶的清香，滋味又非常醇厚，但是产量低、成本很高，而且因为知名度的原因，松溪白茶还面临着销售难的问题。痴迷茶园的叶启唐，干脆把每一年做得最好的茶留下来，不卖，只有朋友来时才分享。他说在将来，事实会胜于雄辩，由茶本身所带来的品饮感受，一定可以改变人们的观念。

"20世纪90年代，人们追求先富起来，到如今，大家又希望离健康近一点。"叶启唐摘下茶树上的一根茶芽，若有所思地在阳光下看着它说："松溪白茶想要突出重围，严守生态是唯一的出路。"

第四章

行走・茶里茶外

①

中茶福建公司，
一部60年的茶叶外销史

花园式绿荫覆盖的厂区、窗明几净的办公楼、井然有序的生产车间……时间在这里按部就班地走过，一转眼就是数十年。如果我们把目光放得远一点，就能看到一个波澜壮阔的时代在眼前展开。

在红旗和红歌的激荡中，1949年10月1日，中华人民共和国成立；1949年11月23日，以"当代茶圣"吴觉农为总经理的中国第一家国营公司——中国茶业公司成立；1950年2月，中国茶业公司福州分公司成立；1952年7月，中国茶业公司福州分公司更名为中国茶业公司福建省茶叶进出口公司；1988年此公司再度更名为中国土产畜产福建省茶叶进出口公司；1999

年12月22日，此公司又更名为福建茶叶进出口有限责任公司（以下简称福茶公司）。

"我们公司从成立到现在已做茶66年，我从1983年迈出福建农林大学茶学系的大门来公司工作到现在，也已经34年。福茶公司是中华人民共和国成立后最早从事白茶贸易的公司。在相当长的一段时间内，中国白茶由我们福茶公司统一包销，几乎所有的白茶是经由我们公司出口。"五十几岁的危赛明，有着在中国南方人中少见的高大身材，他目光敏锐、思路清晰，说起福茶公司的往事如数家珍。而他的官方身份，是福建茶叶进出口有限责任公司的总经理。他说，其实自己私底下也是个白茶爱好者。

我们对新中国白茶的追溯，就从这里开始了（以下几节内容出自福建

● 中茶福建公司厂区

茶叶进出口有限责任公司于2014年5月发行的《白茶经营史录》）。

　　"白茶的对外贸易，从1891年出口白毫银针开始，1912—1916年达到全盛，当时福鼎和政和两县年均生产1000多担（1担＝50公斤）；1917—1921年受欧战影响，产量一落千丈，到1934年，白茶销况才开始转好。至抗战前的1936年，福建全省白茶产量为3280担；1937年，抗战全面爆发后，全国及福建的茶叶生产产量锐减，出口受到了巨大影响；1950年福建白茶产量为1100担，出口量为0。

　　"中华人民共和国成立后，茶叶属国家二类物资，由国家统一管理，省、地、县成立茶叶公司，为专业经营管理机构，任何单位和个人不得插手收购、贩运茶叶。由此，茶叶作为国家统一计划物资，纳入国家各个时期的经济发展规划。

　　"1949年，中国茶叶公司在北京成立，茶叶的内外贸易均由中茶公司统一经营管理。新中国茶叶贸易基本以外贸出口为主，中茶公司统一领导全国茶叶的产、供、销业务。1950年，中茶福州分公司成立，福建省的茶叶出口由其下达计划指令统一调拨、运销。

　　"1950年以前，白茶全部是私营生产与销售。1951年，我公司开始参与协调市场管理工作，通过当地工商部门与私商、茶农代表一起遵照中国茶叶公司指示组织起收购协商委员会。至1952年，白茶的采购与销售业务，达到公私各半。1953年，白茶公私比例按计划协商分配。到1954年改成全部由公有采购、销售，并由我公司包收。

　　"我公司在闽东、闽北茶区建茶厂或设立定点茶厂统一管辖茶叶收购、加工、运销、调拨业务（收购毛茶，调拨给茶厂加工精制），然后按出口任务由茶厂将精制茶装箱后运往福州或上海口岸出口，随着公路通车后，出口的茶叶由精制厂直接运往我公司福州的外贸茶厂进行集中加工、出口销售。每年的白茶生产计划由我公司下达，定点生产：白牡丹由福鼎茶厂、建阳茶厂、政和茶厂生产；贡眉、寿眉由建阳茶厂生产；银针、新工艺白茶由福鼎茶厂生产。各类白茶的出口市场包括中国港澳地区、德国、日本、荷兰、法国、印度尼西亚、新加坡、马来西亚、瑞士、美国和秘鲁等。"

原来在中华人民共和国刚刚成立的那段日子里，由于新中国成立前留下的货币流通混乱和通货膨胀问题还未解决，白茶的生产也还没恢复过来，使得白茶产量少，价格非常高——1952年，因为我国白茶产量仅有857担，对我国香港销售时白牡丹的价格便达到3000港元/担，贡眉也达到了2400港元/担，这让主销区香港承受起来颇为吃力。到了1953年，国家经济稳定，中茶公司开始用货币收购白茶，同时上调了它的收购价，所以到1954年，白茶的收购价已经超过1953年时的红绿茶收购价。在这种政策下，白茶作为福建省特有的外销特种茶在1956年的出口量首次突破百吨。

危赛明在他位于福州市福兴投资区的办公室里，冲开一泡由福茶公司生产的"蝴蝶"牌牡丹王，然后继续说："这几十年来，白茶的品种筛选、生产量和销售都有过反复，这主要是国家体制的原有影响和后来改革造成的。"

事实上，早在1954年，福茶公司和福州商品检验处曾经专门召开会议，研究划分乌龙茶、白茶花色等级的问题。一批影响了中国茶叶当代史的学者和茶叶技术专家，最后一致认为：白茶类不应划入乌龙茶类，而须单独列类。

在中国茶叶史上，红改绿、绿改红、红又加黑……各茶类你方唱罢我登场的岁月里，中国白茶一直低调而执着地走着自己的路。在计划经济时代，白茶销售从1956年的出口量百吨起步，到1977年的出口量达到501吨，它在"文革"期间，发展也从来没有中断过。在1968年，全国如火如荼的大运动期间，在福鼎白琳茶厂诞生了中国的新工艺白茶。而作为技术总指导的福茶公司，用这一品种快速夺回了在20世纪60年代中期曾一度被台湾地区白茶所占领的香港市场。

20世纪80年代对所有人来说都是改革的时代。1984年，根据国务院75号文件精神，中国茶叶的产运销被彻底放开，实行多渠道、多层次、多形式开放的茶叶流通体制，国营、集体、个体一起参与收购、加工、销售的市场经济模式。1985年，茶叶流通体制开放，茶叶出口除由主渠道专业外贸公司经营外，还实行多渠道经营。

据《白茶经营史录》记载，在这一时期，建阳以出口贡眉为主，兼有少量白牡丹；政和、福鼎以出口白毫银针、白牡丹为主，闽北茶区出口量在每年200~300吨，闽东茶区出口量在每年100-120吨。

在1985年到1990年的改革试水期，第一批追赶浪潮的私营企业开始发展，但是由于白茶市场的特殊性，白茶的出口始终依托专业公司，中国白茶出口仍由福茶公司从福州口岸出口。但这一情况又随着1988年福建省人民政府批准地区外贸公司，市、县外贸公司的国营进出口经营权，而再次改变了。

1990年以后，中国市场经济的改革步入高潮，从改革开放的最前沿深圳传回来的消息令人振奋，紧邻广东的福建，人们思想松绑，省内的一些茶厂开始自行通过各种渠道将白茶销往香港、澳门地区。10年后，一些茶叶加工企业陆续有了自营出口权，它们通过广东茶叶公司代理，将白茶销到港澳地区。

● 中茶福建公司的白牡丹茶多少年未变
  的包装

● 贡眉也是中茶福建公司多年的老产品

20世纪90年代初期，中国白茶主销地仍为香港、澳门地区和东南亚各国，以白牡丹、贡眉为主产品，兼有少量白毫银针及新工艺白茶。其中白毫银针和新工艺白茶主要由福鼎生产，贡眉由建阳生产，白牡丹则由福鼎、建阳、政和共同生产和出口。及至20世纪90年代中后期，像白毫银针、白牡丹、新工艺白茶这几大品种的出口地，已经扩大到欧盟国家和日本。而随着香港、澳门的回归和两地生活方式的转变，原本占据市场主流的贡眉、寿眉和20世纪60年代开发的新工艺白茶，基本被白牡丹取代。

市场竞争激烈，国有企业和私营经济站在同一个层面进行角逐，共同促进了中国白茶的发展。2006年，福鼎白茶带头开拓内销市场，结束了白茶自清朝创制到现代都只进行外销的历史。"但是改革开放留强汰弱的效果是很明显的，从2000年彻底改革国家外贸体制后，福建省的13家省级专业进出口贸易公司只剩下了我们一家，有很多人看到我说的第一句话就是

●危赛明审评茶样

'怎么还有国有企业？'，第二句话是'你们怎么还没倒？'"说到这里，危赛明只是笑了笑，"作为国家茶业改革的见证者和'活化石'，我们不但要活下去，还要活得好才行。"

作为按照国家标准进行严格生产的国有企业，福茶公司还遵循着传统的留样制度，至今在仓库里仍留有各个关键年份的白茶样本。"比如1968年时，由我们的专家庄任指导福鼎茶厂白琳分厂做的首批新工艺白茶，公司就有详尽的记录和样品。"危赛明说他留样最偶然的一次是2002年，当时要出口给日本十几个货柜的白茶，可是由于日本经济长期疲软，茶叶消费热情下降，福茶公司的日本合作商有了营销困难。于是他就把最后两个大柜的白茶留了下来。在福茶公司的标准化仓库里，甚至还有当年建阳茶厂生产的一些贡眉、寿眉，但是由于近年来国内老白茶的消费热，如今也所剩无几了。他又抱歉地摊了摊手说："因为福茶公司的展示馆还没建成，所以那几十箱的历年样品，目前还在仓库里。"

在危赛明的办公桌上，放着一份报告，上面显示，整个中国茶叶的产量在2015年时达到了227.8万吨，据茶叶流通协会的数据国内销售市值为4000多亿元。而在这份报告的背后，我们看到整个中国茶叶市场的内外销售又进入了新的时期。

"不光是白茶，从六大茶类来说，我们国家的茶叶总体消费量和人均消费量都在增长。今后市场的主流，会以基础型的平民消费和改善型的城市中产阶层消费为主。中国白茶要想'泡得更香、跑得更远'，要在产品市场的定位上下更大的功夫。"危赛明的话和福州曾经作为远东第一茶港的历史，一起融化在了2016年的春风中，像一道多少年来从未被遗忘的回声。

往事不老，往事中的山河还在，有多少岁月从人们的日常茶汤中流走，见证了当代风云和经济变革的春秋。

②

香港，香港
茶餐厅里挥不去的寿眉香

这有一段最直接的写意，开篇便是："我给您沏的这一壶茉莉香片，也许是太苦了一点。我将要说给您听的一段香港传奇，恐怕也是一样的苦。"

熟悉现代文学的读者恐怕已经看出来，这正是现代作家张爱玲描写1941年珍珠港事变前的香港的小说《茉莉香片》里的文字。写这个香港故事的时候，张爱玲21岁，在香港大学文学院主修中文和英文。而和许多来自远东第一繁华之城的上海的同乡一样，她的心情是阴郁的。因为20世纪三四十年代的香港，完全是一派殖民地的景象。普通中国人的生活很困苦，而来自英国、印度、东南亚国家的高官以及富商子女，家境却非常优越。他们可以一掷千金地办舞会、买豪宅。而出身名门却没有财产的张爱玲，穷得掏不起去同学家玩租轮船要支付的十几块船费，使她颜面扫地。

1941年，珍珠港事变，日军入侵，香港沦陷。港大变成了临时医院，张爱玲在这段时间担任看护，阅尽了痛苦与沉沦。而现实中的香港人，其命运更为漂泊。由于特殊的历史原因，他们在香港开埠的最初，就在文化背景和身份认同上有着深深疑惑，而这份沧桑的生活底色，更让"饮茶"这件事在香港社会有不一般的意义。

在1840年的鸦片战争爆发前，香港只是中国地图上籍籍无名的小渔村。由于《中英南京条约》的签订，清政府向英国侵略者割让了香港岛。18年后双方又签订《中英北京条约》，割让九龙司地方一区；到1898年，清政府再度被迫与英国人订立了《展拓香港界址专条》，导致从界限街以北至深圳河以南的大片土地以及附近230多个岛屿被强行租借，租借期为99年。

得到香港，最初是英国人试图扭转中英两国因茶叶造成的巨大贸易逆差的一步棋——表面上是打造它成为自由贸易港，实际上却让香港沦为英

● 香港过去的殖民地建筑；20世纪的香港街景；大量的人口涌入香港，以广东人最多

国向中国内地倾销和走私鸦片的中转地。在鸦片战争结束后，香港的鸦片走私贸易规模扩大，到1845年，鸦片已经成了香港的主要出口货物，每年英国由此走私进入中国内地的鸦片约3万箱。鸦片贸易所征税收，甚至还是当时的英国殖民政府主要的收入来源之一。

由于地理原因，紧靠香港的广东、福建两省因为地狭人稠、极缺田地，所以一直以来两省人民的谋生非常不易。许多老百姓都要背井离乡去做工、做生意，养活一家老小。对此，清咸丰年间的外交家、广东人何如璋说过："粤东生齿过繁，久有人满之患。三十年以来，谋生海外者，其数既（即）逾百万。"一直以来，他们的命运都和海洋、港口有着密不可分的关系，所以在清顺治年间，颁布的全国"禁海令"以及针对沿海居民的"迁海令"（清政府为防止"反清复明"活动滋生，切断海上郑成功部队和内陆反清力量的联系，命令沿海居民一律内迁至其他地域）后，一度让许多当地人在一夜之间失去生活来源，甚至使得许多老百姓被饿死。

在这样的背景下，沿海居民尤其是广东居民有了极强的忍耐力和吃苦精神，他们成了小岛香港的最早一批移民。据香港官方的一份文献记载，1841年，英国占领香港时进行的人口普查数据显示，香港岛的本地人口不过5 650人；1851年，香港人口就达到32 983人，是上次统计的5.84倍。如此快速的人口增长是因为香港成了鸦片贸易的转口港，大批外国商人涌入，从而吸收了许多的中国劳工。而19世纪的五六十年代，让中国清政府头痛不已的太平天国运动，造成了南方一些官员和商人逃港，后来太平天国失败，部分起义军民也去香港避难或通过香港移民海外。这个阶段，香港人口数量快速地飙升了，1881年的统计数字达到160 402人，是30年前的近5倍。

到1931年，在香港居住生活的82.1万华人中，出生于香港及新界者为27

万人，占华人总数的32.9%，出生于广东者为53.4万人，占华人总数的65%，生于中国其他省份者为1.3万人，才仅占华人总数的1.6%。在香港华人的比例中，广东人第一的格局至今未变。

早年的香港是贫瘠的，早期的香港人谋生是困难的，许多人流落到了这个殖民地，接受西方的生活方式和文化思潮，但是他们的内心始终是传统的中国人。他们在思想上割不断与故乡、与祖先的联系。这份割裂与联系让人痛苦，漂泊的人需要一种介质来缓释精神的压力、寻求内心的认同，于是被广东人同时带到香港的生活传统——饮茶，就成了这一介质。

饮茶，如今是香港人根深蒂固的生活习惯，无论有钱没钱，茶是一定要喝的。我们在香港中环时，在鳞次栉比的摩天大楼背后，发现了不少老茶楼和老茶庄，尤其是茶楼，进去以后发现尽是喝茶看报听粤剧的老年人。他们衣着考究、神情自若，不紧不慢地喝着广东传统的"早茶"，在这个如今以快节奏著称的国际大都市享受闲暇。一般的年轻上班族是没有这种时间的，他们中的大多数人为朝九晚六上班，一般会在中午的茶餐厅叫一杯奶茶。收入丰厚的高级白领、富裕商人和明星群体，才有能力在下午三四点，到香港文华、东方、半岛酒店这样高档的地方享用下午茶。

香港人饮茶的习惯，还来自老广州的商业文化。从清中期开始，广州成为珠江三角洲的政治经济中心，一些从事贸易的商人创出在早、晚两顿正餐之外，用作休闲和商务洽谈的"饮茶"活动。它有时还是非正式的商业会议，以方便商人们交流商业信息或做先期谈判。这时不限定消费时间的茶室和茶楼便成了办公室的延伸。

位于香港中环威灵顿街古香古色的"莲香楼"，其母店是清光绪二十五年（1899年）开业的广州糕酥馆，最早叫连香楼，后来因为莲蓉馅点心做得出色而更名"莲香楼"。1926年，生意十分兴隆的广州"莲香楼"扩大规模，在香港开了分店。曾经共有三家店，而现在只剩中环威灵顿街的这家老店了。

老店"莲香楼"十分忠实地保持着广州茶楼的特点。无论是墙上挂的中国字画，还是屋顶的20世纪风格的老式风扇、墙上的旧式挂钟、厚实的八仙实木桌椅，以及桌上标有"莲香楼"字样的茶具（每套一盖碗、两茶杯），传统的焗茶盅、炖盅、老式手写的菜牌……无一不在诉说往日的饮茶岁月。

在中国内地，我们延续多年的问候方式是"你吃饭了没？"这句问候在香港的版本是"饮口佐茶未？"就是问"你饮茶了没有？"这是一句用来打招呼的口头语。如果多日不见的朋友在街头相遇，彼此闲叙几句后也会习惯来一句"第日饮茶"，意思是改天聚一聚，一起喝喝茶。这句话几乎可应用于任何场景——无论是男女青年约会，还是商人交易，或者街坊邻居、同事同学叙旧，饮茶都是又传统又体面还不会出错的交际方式。

许多香港人的童年都是从跟着长辈上茶楼开始的。因为香港地方小、人口多，香港人多数住得不宽敞，但是又有进行家庭聚会的习惯。这时最好的去处就是茶楼或者比较高级的茶餐厅。多少年来，每逢周末，许多市民便举家去茶楼，这成了香港社会的一景。人们在闹哄哄的氛围中坐下来，由辈分最高的老人翻菜牌，决定饮用的茶究竟是普洱、香片、龙井、水仙，还是寿眉。而香港的茶楼和茶餐厅，无论档次高低，都有一半以上会供应白茶。因为香港天气湿热，许多人特别爱喝白茶。白茶一定程度上有清热消炎的功效。这使得弹丸之地的香港，在中国白茶内销为零的时代里，成为最重要的白茶销售区。

对这一点，香港茶艺协会会长叶荣枝有切身的体会："五十多年前，我还是小孩子，到茶楼去，一般茶楼就是提供普洱、水仙、寿眉三种茶。当时坊间有种说法，'普洱、水仙'的粤语谐音跟'保你死先'（保证你先死）很像，一大早喝茶，本来让人神清气爽，但如此不吉利的茶名实在让人不舒坦，于是大家就偏爱'好意头'（吉利）的寿眉了。据说寿眉的名字还是广东人先叫起来的，因为属于白茶类的寿眉的茶叶上带着茸茸的白毛，有点像老寿星的白眉毛，所以叫作寿眉。直到现在，内地对白茶的称呼还是分得比较细，有银针、白牡丹、贡眉、寿眉等，但香港一般就统称寿眉和银针。"

香港人习惯喝白茶，比较传统的老人也会存一些白茶，因为白茶久存确有药用功效。所以有条件的人家和一些老茶庄，会收藏一些白茶在家中或仓库里，变成老茶。而过去民众生活条件不好，虽然白毫银针在香港市面上也有售，但因为它属于"高价货"，只有经济富裕的人才能无负担地饮用，也只有像"陆羽茶室"那样高档的消费场所才供应，普通工薪阶层是不敢问津的，所以白毫银针在香港远不像寿眉那样普及。

在香港中环，还有一家隐藏得比较深的百年老字号"英记茶庄"，它的前身是在1881年由广东中山人陈朝英在广州创办的"英记"。1950年，英记茶庄从广州迁至香港，并于香港自设工厂。20世纪50年代，英记茶庄在香港中环的首家分店开业。英记茶庄的经营到现在已经经历四代人，经营的产品包括普洱、岩茶、绿茶和白茶等各大类中国茶。我们注意到在店里有来自内地的各种名茶、好茶。据说这些茶都是由茶庄最资深的老师傅去各地精选名茶，再根据丰富的经验和独家的配茶方法配制出来的，每个程序都要求严格。

我们在门口遇到一位老茶客，正好是来买白茶的。在谈及香港茶庄的历史时，老先生表示他小时候所看到的旧式茶庄，其店堂设计和布置都显得简陋，服务也有限，顾客选择较少。而后来随着香港经济的崛起，居民生活水平越来越高，对茶庄也有了更多要求。这使得众多新老茶庄都改变了自己的经营方式，在商品结构、商品质量和陈列布置上，都大大改良，尤其是闻名遐迩的老字号，更注意自己的品质和形象要求。

在拜访一些香港茶业前辈的过程中，我们也了解到，多年来，由于香港人对白茶有固定的消费习惯，所以在中华人民共和国成立以后，由福建、广东口岸出口的白茶，有相当一部分是销到了香港。还有一部分则经香港中转到了东南亚。20世纪50年代初期，由于内地供应的白茶数量不稳定，造成香港市场上中低端内地白茶的价格过高，结果被台湾地区的白茶抢占了不少市场份额。这一现象随着20世纪60年代福鼎新工艺白茶的开发而结束。

在香港经济腾飞后，香港社会对白茶品质和等级的要求都提高了。中低端白茶的市场渐渐让位给了更高等级的白牡丹市场，于是由福鼎、政和

●香港老字号"英记茶庄"

● "英记茶庄"内出售的白茶

尤其是政和茶区生产的产品，因其口味醇厚颇合香港人的口味，到20世纪90年代后遂成为香港白茶的大宗消费品。

一百多年的岁月，似乎弹指一挥间；但是一百多年的沧桑，绝非是几句问候就可以消除的。到现在，白茶依旧出现在香港茶楼、茶室、茶庄以及茶餐厅甚至是私人茶仓的各个空间里。这片本身有着清热消炎功效的树叶，成为香港人经历百年风云依旧精神不息的支柱。

香港人用"饮茶"留住了中国文化的根，而香港人的饮茶态度则非常现实——"吃得咸鱼忍得住口渴"。人生就是一场人与命运拼搏的历程，与其怨天尤人，不如将所有的辛苦与忍耐，泡开成一壶浓酽的茶汤。

不如就这样，饮茶，吃茶去。

③

下南洋的人和下南洋的茶，
都在说故土难忘

人世间曾有多少离合悲欢，生命中曾有几许无奈沧桑，雾起在南方，雾落在南方，朝阳可曾藏心坎。过去的记忆你是否已经遗忘，祖先的流离可曾使你惆怅，雾起在南方，雾落在南方，重重迷雾锁南洋……

1984年，新加坡广播局在新加坡建国25周年之际（以1959年新加坡成为自治邦为准），推出了一部叫《雾锁南洋》的连续剧，讲述来自中国的第一代新加坡华人和他们的艰苦生活的历史。中国的电视观众们，也在不久后听到了这首主题曲。而正是这段由悲怆与惆怅交织而成的旋律，让我们这些当年从未跨出过国门的人，第一次知道了"下南洋"这个历史名词，以及它背后沧桑的中国往事。

"下南洋"在福建、广东一带也叫"过番"。这是闽粤方言，指的是到南洋一带谋生。中国人"下南洋"的第一个高峰期，出现在明末清初。当时的社会时局不稳定，使得本就人多地少的广东和福建两省，老百姓的生活很困难，再加上顺治十八年（1661年）清政府颁布的"迁海令"，更让许多人陷入了生死边缘。

在万般不情愿和无奈之下，为了活下去，为了让个人和家族得以繁衍，中国闽粤地区的人们，有不少漂洋过海，通过公开或者偷渡的途径来

● 20世纪90年代的广汇丰茶行

到与中国毗邻的东南亚（包括马来群岛、菲律宾群岛、印度尼西亚群岛，也包括中南半岛沿海、马来半岛等东南亚一带）生活，而他们就成了今天在新加坡、马来西亚、印度尼西亚、菲律宾等国家居住的华侨的祖先。

● "广汇丰茶行"的第四代经营者刘俊光

"下南洋"的第二个高峰期，出现在鸦片战争以后。由于全球大航海时代的到来，英国、荷兰这样的海上强国，加快了对不发达国家的殖民活动。而这一时期在英国、荷兰殖民统治下的东南亚，正处于快速开发过程中，对劳动力的需求量非常大。为了吸引以吃苦耐劳著称的中国劳工，南洋各国纷纷给出了优惠政策，比如马来西亚联邦就曾给出"给移民足够的免费土地种植；政府提供临时住屋安置移民；免费供给大米和食盐一年……华人可永久居住在沙捞越"等非常有诱惑力的条件，吸引中国劳工。这让在清政府统治下流离失所的中国农民，一拨接一拨地来到了南洋。

马来西亚是全世界最大的锡矿产地，马来西亚的锡产量在很长一段时间内占世界锡总产量的一大半，但在今天有许多人不太清楚的是，这些锡矿在当年都是由华侨一锄头一锄头挖出来的。所以就连英国殖民政府也承认，马来半岛的繁荣昌盛，离不开华侨："马来诸邦之维持，专赖锡矿之税入……锡矿之工作者，首推华侨。彼等努力之结果，世界用锡之半额，皆由半岛供给。彼等之才能与劳力，造就今日之马来半岛。"

"其实马来西亚的华人，主要以福建、广东、广西、海南这几省的人为主，而马来西亚喝中国茶的风俗，是随着华侨的到来而兴起的。实事求是地讲，马来西亚人喝茶的热情，至今在东南亚国家中是最高的。"出生于1957年的刘俊光，是马来西亚老字号"广汇丰茶行"的第四代经营者，也是马来西亚茶业商会的原会长，现任署理会长。说到"下南洋"的话题，他感受最深的就是马来西亚的中国茶。

刘俊光祖籍广东省揭西县，清宣统三年（1911年，辛亥革命于这一年爆发），他的曾祖父刘大志孤身来到南洋，先是在马来西亚吉隆坡的锡矿找到了一份工作，后来发现同乡们有很多生活上的需求，他就走街串巷，做起了小生意。"一开始没有门面，无论是大米、茶叶、种子、药材，统统都是肩挑手提，在积蓄了一点资金后，我曾祖父才买了一部脚踏车送货。"刘俊光说。刘俊光的家族，是马来西亚最典型的华商，而刘家的"广汇丰"一开始什么都卖，直到1928年，位于吉隆坡市中心苏丹街的"广汇丰"开业后，"广汇丰"才逐渐以茶叶出名。现如今，它已成为马来西亚最具历史感的老字号茶行。

由于中国人的到来，中国茶在20世纪20年代传入了马来西亚。据说，当时凡是有锡矿开采的地方，就有茶树栽培。而锡矿招工的条件之一，就是必须有免费供应的茶水。但随着锡矿业的衰落和华人在马来西亚从事的工作转移，这些茶园大多已不复存在。到了20世纪30年代后，马来西亚的茶叶主产区逐步集中到其西部金马仑高原，而茶园面积一直保持在3000公顷左右。

刘俊光告诉我们，看马来西亚人喝茶，就能发现一个有意思的现象——由于华人占了马来西亚总人口的23%，达六百多万人，所以中国茶的身影，在许多人家的餐桌上都能看到。而从茶壶中泡的茶叶，则可以推断这家主人来自中国的哪个省份。"以前不同地区的华人来到这边会喝不同的茶。客家人会在家里冲一大壶绿茶；福建人就喝乌龙茶；两广地区的人喝六堡茶。至于喝普洱茶，那是近些年才流行的。"刘俊光笑着说。

走进位于吉隆坡市中心的苏丹街，只见街道两旁伫立着许多老建筑，而这些商店大多老旧，再加上门口悬挂的招牌，看起来颇有一番香港老电影里才看得到的景象。而正是这里，见证了世世代代的马来华人的繁衍生息。而今在高楼林立的吉隆坡，它显露出了遗世独立的沧桑。"广汇丰"茶行也正是在这街道的深处，静守了近九十年。

马来西亚是一个热带国家，马来西亚华人从"下南洋"开始，最偏好的茶就是重口味的乌龙茶。比如陈年的岩茶水仙和新茶铁观音，再就是两广人喜欢的六堡茶（也要陈年存放），最后是白茶，占其中的一小部

● 张秀珍

分。"因为南洋天气炎热，当年很多人刚来时水土不服，就把在老家喝老茶治病的土办法带来了。所以在以前的话，像六堡茶和白茶这类茶，都是当药来喝的。"

我们采访的另一位马来西亚茶人是经营"宝珍号"茶行30年的张秀珍。她是一位六堡茶和白茶的资深收藏家，在她的手头，既有从20世纪30年代保留至今的老六堡，也有从20世纪80年代开始收藏的老白茶。这些茶喝起来茶底非常干净，让人忍不住探究来源。

张秀珍说："马来西亚是个特殊的国家，它的各大茶类消耗都不少。就现在而言，福建籍的茶客喜欢喝岩茶、铁观音、白茶和红茶；广东籍的茶客喜欢喝六堡茶和普洱茶，而广东籍的潮汕人又特别喜欢喝单枞。在过去，中国茶叶总公司下属的各地分公司，都把马来西亚作为东南亚最大的销售市场。而临近马来西亚的新加坡呢，大部分茶都是销往马来西亚的，它是一个主要的进口港，基本上属于中转。"

1956年，"广汇丰"茶行的第三代经营者、刘俊光的父亲刘英明第一次踏上新中国的土地，他来到了新中国成立后举办的第一届"广交会"现场，感觉大开眼界，同时也找到了不少贸易伙伴。回顾那段日子，刘俊光介绍说："一开始他只去春季的广交会，后来春秋两季的广交会都去，到我出现在广交会的时候，他基本上就是签署各种各样的合约。而中茶公司福建进出口公司、厦门进出口公司的茶叶正是在这样的过程中，出口到了马来西亚。我记得在广汇丰茶行的仓库里，至今还存有早年由中茶福建公司销售的'蝴蝶'牌白茶，到现在也有不少年头了。"

出于经营上的考虑，"广汇丰"茶行在20世纪80年代后，从专营中国茶发展到也进口相当数量的红碎茶做大宗贸易。因为在马来西亚，无论华人、马来人还是印度人，几乎人人必喝的茶是"拉茶"。这是一种加糖加奶饮用的含茶饮料，价格低廉的红碎茶是其最合适的原料。"包括马来西亚本国种植的茶叶，也都是拿来做红碎茶的，一年差不多有3000多吨红碎茶。马来西亚是一个茶叶进口国，我现在和世界上各个主要的产茶国都有合作，但只有从中国进口的，是传统的中国茶。"刘俊光说。

由于到茶行买茶的，基本上都是华侨，所以在广汇丰的店面里，摆满了各式各样的中国茶。刘俊光介绍，一般老顾客也都是老茶客，他们挑选茶叶尤其水仙和六堡茶的前提条件是茶表面上要有白霜。"茶有白霜，才够旧，他才会买，因为这样喝起来会有一种药香味。茶面要出现白霜的话，最少要等4到5年。"

对马来西亚茶客挑选茶叶的习惯，张秀珍也认为大多数人喜欢的是"茶汤浓郁、香气醇陈、色泽红亮，入口以后有深沉药香，口感绵柔顺滑"的老茶，但是与中国国内不同，马来西亚人并不纠结于茶叶的具体产地，而是以茶的品质和口感作为喜好标准。她总结马来西亚人喜欢的茶叶特点，就是香气要雅、口感要顺滑，茶底要干净而且陈化得相对较快。这正是中国国内近年热议的"大马仓"的老茶特征。

"所谓大马仓，其实是因为马来西亚靠近赤道，属热带海洋性气候，四季不分明，没有严格的春夏秋冬之分，温湿度都在一个恒定的比例之内，所以比较适合存茶。"张秀珍解释说，"因为马来西亚有浓厚的喝茶氛围，所以很多华人家庭都有存茶的习惯，对老茶客而言，至少要存够自己喝的茶。对此，他们已经习惯了。"

马来西亚的老茶和老茶行，都居东南亚之冠。因为马来西亚华人的骨子里，流淌着浓厚的乡愁，所以马来西亚的华侨都重视中文教育，许多年轻人也能讲流利的普通话，这在其他东南亚国家是很少见的。在张秀珍这一代，还有不少人前往台湾念大学，她的大学时代就是在台北度过的。

"在马来西亚只要有喝茶的家庭，家里的人就大多会泡茶，茶是生活不可分割的一部分。"张秀珍十分认真地说，"华人社会的精神就是合，是凝聚，而喝茶时间正是父母和离故乡越来越遥远的下一代，进行沟通的一个小环境。因为喝一泡茶至少要半小时到一小时左右的时间，这就有了人与人之间非常宝贵的一段时光。"

茶叶，无论在物质层面还是精神层面上，都深深影响了马来西亚的华人。所以无论过去多么艰难，很多人都甘心埋头于生活。因为这些早就远离故土却始终难忘桑梓的中国人，他们深深地相信，只要家里有茶、桌上有水，就有亲人的关照和割不断的血脉。

这正是一杯茶所蕴含的中国式生活哲学。

离乡愈远，其心愈切，多年来一直作为出口特种茶的白茶，连起了天涯海角的中国人。而白茶的收藏，则成为近些年来的一个热门话题。当市场上有关老白茶的各种传闻层出不穷时，我们不妨走进其中，去一探那道民间茶味。

老白本是民间味，
而今处处说茶香

坦率地说，有关白茶收藏的话题，虽然近年来非常热门，但是就白茶收藏的本身而言，自其创制以来却并非是一种刻意的行为。

在白毫银针的发源地福鼎，人们过去饮用白茶的习惯，更多是将其作为一种药用的偏方。"记得在我们小的时候，家里都会有个大大的茶壶，里面晾着白茶，等级不算高。因为高等的白毫银针和白牡丹要拿到市场上去换钱，以维持一家人的生活。"在乡下，我们不止一次与人到中年的大哥大姐谈到白茶的往事，听闻过去的人们喝茶，不过是在大壶或大缸里多投放些白茶，然后冲入沸腾的开水，随时饮用。投的茶不讲究，茶水的量和置放时间也不限，随你从几分钟直到几小时。如果是炎热的夏天，人们会在上班或下地干活之前泡好茶，等下班或收工回家饮用，茶水不仅止渴，还能消除疲劳。

"其实若有条件，用陈年的白毫银针来对付咽喉肿痛和牙疼，效果会比较理想，但是在当年，这是可望而不可即的。民间喝的老茶就是自己留的一点寿眉，感觉身体不舒服时煎煮来像药一样喝。"随着朴实的话音落下，我们面前已经多了一杯用盖碗泡好并出汤的高级白牡丹，还漾着丝丝热气，在这个多雨的春天，让人感慨万千。

在福鼎民间素来有白茶"一年茶、三年药、七年宝"的说法，这里的白茶指的是传统白茶。它味温性凉，具有退热降火、祛湿败毒的功效，得到了传统中医的认可。自晚清以来，北京同仁堂每年都要购置50斤陈年白茶用以配药。而在过去的计划经济年代里，国家每年都要向福建省茶叶部门调拨白茶给国家医药总公司做药引（配伍），以配制高级的药物。

客观来说，由于白茶是外销特种茶，多年来它的市场都不温不火，过去留在民间的老白茶数量很少，即使有，等级也不高，而在计划经济时代，垄断了白茶进出口的外贸公司会有一定数量的存货，但那也并非有意为之。真正的白茶收藏，是在近几年白茶市场走热以后才出现的。

为了深入了解白茶的收藏现状，我们选取了两组样本，分别出自中国以藏普洱茶而闻名的广东东莞和有"中国茶叶第一街"之称的北京马连道。所调查的收藏人，一位是资深的民间收藏家，另一位则是出生于闽东、在北京做生意的80后茶商。

在东莞，人称"民叔"的叶汉民名气不小，他是银行高管出身，但是他对茶叶的兴趣超过金融。"民叔"现在的身份是东莞市茶叶行业协会的高级顾问，也是东莞市塘厦茶文化茶友会的会长，而他的网名"粤雪飞"

早在BBS时代，就是著名茶叶论坛"三醉斋"上的一个响当当的名字。

从20世纪80年代开始，"民叔"对茶叶尤其是普洱茶有了兴趣，所以他先后开设了茶艺馆、普洱茶超市、普洱茶博物馆……他本来只是玩票，结果之后成了主业。后来因为茶越来越多，他不得不把自己茶庄的二楼改建成了茶仓，并称其为"博物馆"。因为那里有各个茶类在各个年份的样本茶。

"我收藏白茶的时间并不长。起初是我在2012年时，到广州一位收藏家朋友的家中做客，喝到福鼎产的一泡80年代老寿眉，我喝了以后感觉滋味出乎意料的甘甜醇厚，就把他手头的这批老白茶全都买了回来。再以后就一发而不可收了。"叶汉民说。已届花甲之年的"民叔"被一泡茶激起了好奇心，他东奔西走，到处搜集有关老白茶的资料和样本，几年下来终于有所积累。

"现在找老茶越来越不容易，是因为过去白茶本身就比普洱茶的产量少得多，在广东以外的地方白茶是没有内销市场的，当年绝大部分都出口到了欧美和东南亚。""民叔"告诉我们，白茶在国外主要会出现在唐人街的一些杂货铺、茶庄以及药铺里。它是华侨的日常生活用品，在不经意间被留下来，而这也是它难能可贵的地方，因为不刻意，反而有了更顺其自然的转化条件。

由于在国内的收获不多，民叔把目光投向了国外——几年来，他托一位常驻海外的好友，从美国、加拿大等地的杂货铺和药铺中收老白茶寄回国。他细心地将老白茶一一整理。让他感慨的是，短短几年间，老白茶的价格已经水涨船高，他说："举个例子，上世纪80年代末的老白茶，当年由广州市土产茶叶公司经销的电视塔牌寿眉，如今即使我们收藏家去收，也是半斤五六千元的高价，一斤则要一万三千块，因为量非常少。"

● 东莞藏家叶汉民；电视塔牌寿眉

　　奇货可居的市场背后自然隐藏风险，最大的问题就是老白茶的失真。民叔说自己手里藏的老白茶，年份在20世纪90年代以前的数量只够自己以及与朋友一起分享时品鉴，真正藏量多的白茶，还是集中在20世纪90年代末到2000年后的这段时间里的。

　　"作为收藏家，最要当心的就是老茶人为做旧的问题。因为做旧的茶喝了以后会使人身体有不良的反应，所以要尽量避免喝做旧茶。但怎么鉴别老白茶的真假呢？很多茶友也常常请教我，我的建议是，所谓的老茶，它的汤色可以做出来，但是滋味、香味和叶底，却是无法蒙混过关的，这是有鉴别的办法的。"

　　民叔提供的鉴茶方法是——首先尝滋味，好的老白茶它有正常的毫香，滋味甘爽，而做旧的茶滋味会像被人为闷过一样，有说不出的不适感；其次闻香气，好的老白茶香气依旧纯正，有自然回甘，做旧的茶要不就是没有香气，要不就是香气不正；最后看叶底，看干茶不太明显，但是茶叶冲泡后就一目了然，正常的老白茶叶底有活性，叶面有弹性，发亮并有油光，而做旧的茶则是乌黑、不发亮、没有油光，而且还很硬。

　　"总之买老茶还是要多个心眼的。目前来看，白茶在北方的销售已经比较火爆，广东的市场氛围还没有起来，这意味着白茶的收藏还有很大的空间。"民叔最后的建议是，一般人如果确实有藏茶的兴趣和条件，那不妨藏一些自己喝得懂也分得清来源的好茶，然后慢慢藏，亲身感受它的陈化过程和陈化后的口感，这也是种乐趣。

白茶的内销，是2006年以后从北方开始有发展。在2007年的时候，在北京做了几年茶叶生意的福建宁德小伙林志福，嗅到了一丝来自市场的气息，他说："因为我一直卖老茶，从老的普洱、安化黑茶到六堡茶我都卖，顾客群也一直很稳定。白茶的风气一起来，我就认定老白茶也会有它的市场，所以在2007年的时候，我就跑到香港去，一家一家的茶行找，问有没有老白茶。"

出生于1981年的林志福，在马连道街上开了两家店，其中位于茶缘茶城的老店，到现在已经有整整10年历史。他开玩笑说这家店里的许多茶都比自己岁数大。而对店堂中形形色色、各个品种的老茶的销售比例，他表示现在是比较平均的，因为什么样的顾客都有，但主要是长期客户。现如今，由于整个北方市场喝老茶的风气盛行，所以他一有时间和线索，就会出去收茶。

● 50、60年代产的白茶饼；80年代产的白毛茶；80年代产的老茶罐

"白茶在过去主要是外销。它出口的途径一是由国内的福建茶叶进出口公司直接出口，销至香港和东南亚最多；二是由香港的贸易行从内地进货，然后在香港按国外客户的要求再次包装后出口。所以我收茶的主要去处在香港，其次是马来西亚。"林志福回忆说，因为早期老白茶并非市场主销的品种，价格没起来，香港人不爱卖，通常都把白茶放在各家仓库的角落里。所以特别不好找。仅仅在中环一地，他就跑了许多的茶行、茶庄，几乎磨破了鞋底。"因为其中的大多数都是茶叶贸易行，出口生意做惯了，都是几吨几吨地中转，很少会针对私人零售，所以总感觉我买得不够多，没有太大的热情。"

　　也正是这些经营白茶的贸易行，在相当长的一段时间内，通过与福建茶叶进出口公司的贸易往来，对香港的酒楼茶餐厅所用的餐茶原料进行定点供应。而香港人对白茶的认知，也是在那些年形成的。在20世纪80年代以前，内地处于计划经济时期，大多数香港人的生活也不富裕，人们在酒楼茶餐厅所饮用的白茶，因为是餐前附赠，所以大多只是等级很低的寿眉。这也是各大茶庄、贸易行的主要经销品种。而像白毫银针和特级、高

● 马连道茶商林志福；堆满出口原箱的店面。

级白牡丹这样的高级白茶，只会出现在收费昂贵的高档茶室，也只有少数人喝得起。

在收茶的过程中，因为老白茶本身的市场存量就少，林志福说自己只能一点一点地收，甚至按斤数收。他指了指一旁写着"中国白茶"字样的一个旧纸箱说："当年这种二十多斤规格一箱的白茶，我最多时也只能50箱、100箱地收。"对白茶的来源他是很谨慎的，"我只收来源清楚、品相上乘，储存也合理的大厂产品，主要是过去福鼎和政和两大茶厂出口的白茶，因为这样的茶，它的出口和回流踪迹清楚。"

对老白茶的价格，林志福也感到今非昔比了。他无奈地说，陈年老茶在市场是越卖越少，也越卖越贵。好不容易发现有些品相上乘、保管也得当的老白茶，价格甚至被人喊到三四万元一斤，让即使是资深的收藏客也感觉棘手。作为渠道商的他来说，就只能放弃。

"但实事求是地说，其实老白茶在白茶的整个体系里面，数量是很少的，所以价格上才会随行就市，这样的价格没有什么可比性，也谈不上参照意义。"他摇了摇头说，其实更值得人们注意的，是要避免那些不真的"老茶"，因为它们既没有品饮价值，也没有收藏价值，喝了还影响身体健康。所以对没有收藏经验的普通消费者而言，他还是建议大家先喝懂新茶，再追求老茶。

"要在市场上找适合自己的茶，而不是盲目地被市场风向牵着走，这才是喝茶、品茶该有的态度。"林志福笑了笑，他的脸与身后马连道的夜色一起，融进了这个时代的底色。而街头那些行色匆匆的人，还在奔向远方，如一个个意味深长的问号。

"先喝懂老茶，再藏好老茶"，这是人在江苏昆山的汤铃芳所追求的目标。要说起来，她是地地道道的茶乡人，出生于闽东，从小就被茶香熏陶，尤其爱喝奶奶用粗老的寿眉泡的大碗茶,那是她童年生活中少有的甘甜。所以一说起白茶，她特别有感情。

那是二十世纪八十年代，汤铃芳的父亲在家乡的一个茶厂工作，担任技术指导。制茶季节里，身为骨干的他，每天晚上都带着才上小学的女儿汤铃芳去茶厂玩，小女孩自此熟悉了制茶流程及最专业的审评环节。她跟在父亲的身边，乐在其中。在茶叶温软香飘的季节里，她总是在茶山奔跑，帮着大人采青晒青，而因为个子高、反应快、手指灵巧，她的成果有时比大人还要出色。"也许我天生就是个茶痴吧，那时自己家里也有茶山，所以家里的茶当年几乎都是我采，因为我就是享受那份茶山的气息。因为茶，少年时的我还小小财迷了一笔——16岁那年我用从母亲手里借的300块钱，做了半个暑假的茶贩子，结果赚了1000多块钱。要知道那时候的1000块够我上学一年的学费了。当时作为一个孩子，我是特别自豪的。"我面前的汤铃芳，笑着说那些年的往事。

成年后，汤铃芳远离家乡，长期辗转于福州、上海、江苏等地。尽管从事贸易业的工作，但她的生活中从来就没有断了茶的身影。她学习茶道，学习茶文化，走遍国内大大小小的茶山。

她打内心里认定茶对人的身心有益。为了带动身边的人都爱茶、习茶，享受茶带来的好处，她长年给朋友们送茶和各种各样的茶具，为此，她每年都要从老家福建购买大量的茶叶，尤其是白茶。

为什么是白茶呢？这里有个故事，在她记忆中，有一次她偶然喝到一款2007年产的福鼎白牡丹，当时感觉清淡甘甜，又隐约觉得特别熟悉和亲切。喝了那款茶以后，患有咽喉炎的她，症状明显好转，一问之下，才知道这就是自己童年时期奶奶用大茶罐煮的白茶。只是如今生活条件好了，人们早就不再满足于喝那最粗老的叶片，市场上什么等级的白茶都有。可那是2010年，中国白茶的内销还没成气候，市场上的白茶不但价格低廉，而且因人们缺乏对白茶的了解，接受度并不高。在了解到福鼎白茶的价格后，汤铃芳觉得不可思议——这么好喝的茶，价格居然这么低！她从此就特别关注福鼎白茶，并到各个中国白茶的产区去学习，着意收藏白茶，并在从来没有饮用白茶习惯的昆山地区，开了一家主打白茶经营的园林式茶馆——闲庭。她自己描述那时候的情景是"当年几乎没人看好我的收藏，都说我攒了一屋子的老树叶，要成怪人了。"

几年间，汤铃芳手里陆续收入了一大批玩家级的福鼎白茶，之后，她便不再满足于国内的收藏。所以从2014年开始，她的足迹踏遍了香港、澳门和马来西亚等过去的白茶流通重地，一边拜访各大茶仓、名师、老前辈，一边收一些老茶。"这些茶喝一点就少一点，有时也会不舍，但是作为收藏家，你必须建立起一个基于丰富样品对比之上的口感高度，所以我常说收茶是一份奢侈的工作。也正因此，我从2014年起就只喝老白茶了，我带着我的宝贝老白茶到过很多地区和国家，也影响了身边一批朋友渐渐只喝白茶、追求白茶。这就是茶痴的执着。"

　　说到白茶的价值，汤铃芳觉得白茶与其他茶叶相比，确有一定的保健价值，同时也因为中国市场特殊的供应结构和买卖心理而具有收藏的价值，这种价值是在中国茶行业渐趋理性的阶段凸显出来的，所以注定会走上一条稳健升值的道路。从市场的角度来看，目前收藏白茶不失为一种资产保值的方式，作为收藏家更能在拥有众多好茶的基础上实现理想生活，这就是兴趣与投资的完美融合。

　　"我特别珍惜我的白茶收藏，尤其是那些连原装木箱都不舍得打开的老茶，都是浸透了岁月的陈香，一旦喝了就不再拥有的滋味，就像人的青春，一旦流逝就不再回来了，每种味道都独一无二。我看茶看上了瘾，几乎隔天就要去一趟仓，看看我的收藏品，看到时就感觉前所未有的幸福和满足，"不过自认"茶痴"的汤铃芳同时建议，新手茶友在收藏老白茶的道路上不要试图走捷径，要从现在就开始收新茶，这样等过了十年二十年，所拥有的就都是自己知根知底的老茶。"喝到、喝透、喝好、喝懂，人必须经历这样一个过程。只有当你感受了这个过程，才能在别人喝着昂贵且不明年份和来历的白茶时，喝到自己用时光和品位换来的好茶，而这是用任何价格都无法买到的价值，它就是收藏的乐趣。"

❺

只有刚刚好的老白，
才有正确的打开方式

一、白茶为何是"一年茶、三年药、七年宝"？

民间流传白茶是"一年茶、三年药、七年宝"。白茶的可贵之处，就在于它是一种极度接近自然，但又能悄然实现转化的茶叶。因此有人说，未经时间再造的白茶，就好比是一件半成品。在过去，清人《闽茶曲》记载"藏得深红三倍价，家家卖弄隔年陈"，可见在福建民间，人们有存老茶的习惯。至于白茶"一年茶、三年药、七年宝"的说法具体源自何时何地，已不得而知。但是有一点可以肯定的是，通过存放，白茶的品质风格

● 一年和五年白毫银针干茶色泽比较

确实会发生显著变化。

　　"一年茶"是指当年新白茶。因为白茶属于微发酵茶，刚制作出来的头年白茶，口感接近绿茶，茶性较寒凉。香气清新鲜纯，有类似豆浆的香味；汤色浅黄明亮，汤感爽口清锐，如清泉甘露，滋味相对平淡些。

　　"三年药"是指存放了三四年的白茶，其茶性已悄然发生变化。储藏得当的白茶，在两三年里，茶叶内部成分已开始发生变化：青气褪去，汤色加深，由浅黄变到杏黄或橙黄。新白茶有甜香和毫香，通常用"毫香蜜韵"来描述，而存放三四年后的白茶往往会有"荷叶香"，香气已渐趋醇和，滋味渐柔，入口顺滑，茶性也由凉渐转平和。这个时候的白茶，亦茶亦药，品藏皆宜。

　　"七年宝"是指存放了五到七年之后的白茶。这已算是老白茶了。这个时候的白茶，香气有清甜花香，细嗅下有陈香，并且伴随着储藏时间的推移，会呈现出枣香，乃至发展成为一种舒适的"药香"。好的陈年白茶汤色如琥珀，鲜艳而且油亮；其滋味醇厚饱满，入口也更加顺滑，甜度、粘稠度也会逐渐增加。

🌱 不同年份的白茶的干茶对比

● ① 2016年的新白茶；② 陈期5年的白茶；③ 陈期10年的老白茶；④ 陈期20年的老白茶；
⑤ 陈期30年的老白茶；⑥ 陈期40年的老白茶；⑦ 陈期50年的老白茶

这7款茶，等级相当，均为寿眉，嫩度则有所不同，陈期相隔50年的时间，可见干茶颜色由灰绿带黄到乌褐逐步变化，叶面的色泽也逐渐变得油润。

❦ 不同年份的白茶的汤色对比

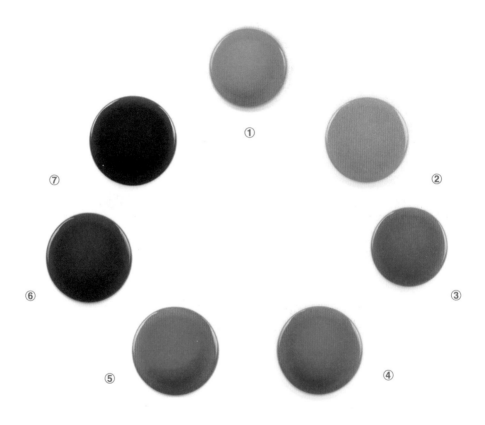

- ① 2016年的新白茶；② 陈期5年的白茶；③ 陈期10年的老白茶；④ 陈期20年的老白茶；
  ⑤ 陈期30年的老白茶；⑥ 陈期40年的老白茶；⑦ 陈期50年的老白茶

🌱 不同年份的白茶的内质对比

	2016年新白茶	陈期5年	陈期20年	陈期40年	陈期50年
香气	类似豆浆香，余味细腻，带有花香	清甜花香，略带陈香	舒适陈香，浓郁持久带药香	药香浓郁，略带木香	舒适药香，香味持久，细嗅有荷叶香
汤色	从杏黄明亮转变为金黄明亮、橙红透亮色，最后汤色转变为琥珀色。				
滋味	新茶清甜醇爽，茶性寒凉，随着白茶贮藏时间的延长，青气逐渐退去，茶性逐渐趋于温暖，汤水柔软稠厚，茶味变得醇厚、甘甜、香浓，滋味则是变得越来越丰厚饱满。				

　　对比50年内不同年份白茶的5个样品可以发现，经过后期陈化，白茶在不同阶段会有不同的变化，呈现白茶陈化后的不同层次。

二、用数据说话，陈年老白茶的惊艳从何而来？

　　通常存放五、六年甚至六、七年后的白茶，其防癌、抗癌、防暑、解毒、防过敏的功效，会更加明显。以往，人在感冒初期，喝上几杯热腾腾的老白茶会感觉轻松很多。而近几年，随着对陈年白茶研究的不断深入，老白茶的保健功效也得到了科学的验证。

湖南农业大学茶学学科带头人、茶学博士点的导师、国家植物功能成分利用工程技术研究中心主任、教育部茶学重点实验室主任刘仲华教授及其团队，在2011年时设立了关于"白茶与健康"的研究项目，他们对1年、6年、18年藏期的白茶同时进行研究，发现随着白茶贮藏年份的延长，其在抗炎症、降血糖、修复酒精肝损伤和调理肠胃等功能方面，有逐步增强的效果。这与经历了时间陈化后，白茶的内含成分发生变化有关。

福建农林大学周琼琼博士研究了不同年份白茶的主要生化成分含量，结果表明，成品白茶在储藏过程中，其茶多酚、氨基酸、可溶性糖、黄酮类等主要生化成分物质发生了变化。比如，具有较强的清除自由基功能的黄酮类化合物，在陈年白茶中的含量比新茶要高。

1. 不同年份的白茶中的黄酮含量分析

黄酮类物质是茶多酚的重要组成部分，其中黄酮醇及苷类，占茶叶干物的3%-4%，对茶叶感官品质、生理功能等起到重要作用。

湖南农业大学食品科学技术学院杨伟丽教授等将同地点、同品种、同嫩度的鲜叶，同时加工成6种茶类的茶样，分析比较其中主要生化成分含量的差异，在试验中意外地发现6大茶类中白茶、青茶、红茶、绿茶、黄茶、黑茶的黄酮含量呈现依次递减的规律，其中白茶中的黄酮升高了16.2倍。可见，采用萎凋工艺的三类茶的黄酮含量均高于采用杀青工艺的三类茶，恰好与茶多酚含量变化相反。这反映了6大茶类品质特征的化学实质。由此可以认为，白茶加工工艺有利于黄酮含量的积累。

此外，陈年白茶的黄酮含量都比当年白茶黄酮含量高，陈期20年的白茶黄酮含量显著高于其他年份的白茶，达到了13.26mg/g，是当年新白茶的2.34倍。陈期20年的老白茶中的茶多酚、儿茶素总量及组分、咖啡碱、氨基酸等生化成分含量均很低，而黄酮类总量却很高，其原因可能是茶叶在贮藏过程中多酚类物质结构发生了转化，促进了黄酮类物质的形成。

黄酮类化合物具有较强的抗氧化作用和清除自由基的功能，还具有抗菌、抗病毒、抗肿瘤和降血脂等多种生物活性的作用，是茶叶发挥保健作用的重要功能成分。湖南省农科院茶叶研究所钟兴刚研究员于2009年发表的《茶叶中黄酮类化合物对羟自由基清除实现抗氧化功能研究》中，通过对茶叶进行物质提取、定性和定量的分析，证明茶叶中含有较丰富的黄酮类化合物，并通过实验证明这种黄酮类化合物具有较强的清除自由基的功能，黄酮类化合物对羟自由基的清除率是随着其浓度含量增加而增高的。因此茶叶有较强的抗氧化作用，是因黄酮类化合物有清除自由基的功能。陈年白茶中的黄酮类含量较新茶中高，这为民间俗语"一年茶，三年药，七年宝"的说法提供了科学依据与理论支撑。

我们可以从下图看到茶叶中黄酮类化合物含量与其对自由基清除率的关系。

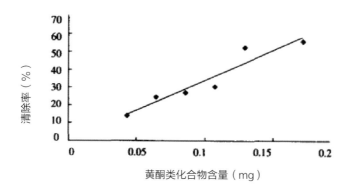

● 黄酮类化合物含量与其对自由基清除率的关系（钟兴刚，2009）

2. 不同年份的白茶中茶多酚含量分析

对不同年份白茶中的茶多酚总量进行分析后，我们可以发现，年份久的白茶具有相对较低的茶多酚总量，这是年份久的白茶滋味醇和的主要原因。

● 不同年份白茶的茶多酚比较

福鼎白茶随着贮藏年份的延长，因茶叶中茶多酚类的氧化，其中具有涩味和收敛性的酯型儿茶素含量大幅降低，生成茶黄素（茶黄素类是茶叶中色泽橙红、具有收敛性的一类色素，是茶汤色"亮"的主要成因，是滋味强度和鲜度的重要成分，同时也是形成茶汤"金圈"的主要物质）、茶红素（茶红素影响茶汤浓度，具甜醇、酸味）等物质，由此造就了陈年白茶更加醇和回甘的口感。因此在茶叶审评时，陈年白茶茶汤颜色呈深黄色、橙红色甚至更深，而新茶茶汤颜色较浅，呈淡黄色。

3. 不同年份的白茶中氨基酸含量分析

氨基酸是白茶形成鲜爽味和香气的重要成分。如茶氨酸具有甜鲜滋味和焦糖香，苯丙氨酸具有玫瑰香味，丙氨酸具有花香味，谷氨酸具有鲜爽味。

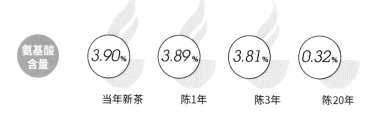

氨基酸含量　3.90%　　3.89%　　3.81%　　0.32%

当年新茶　　陈1年　　　陈3年　　　陈20年

● 不同年份白茶的氨基酸比较

研究结果表明，储存年份较短时，白茶中氨基酸含量差异不显著；年份较久远时，白茶中氨基酸含量会有极显著的下降。新茶中的氨基酸含量占比是陈期20年白茶中氨基酸含量占比的12倍，其原因可能是氨基酸在茶叶存放过程中发生转化、聚合或降解，转化成挥发性的醛或其他产物，形成茶叶香气；同时氨基酸与多酚类的自动氧化产物醌类物质结合形成暗色聚合物，生成色素类物质，从而使其含量下降。因此在茶叶审评时，陈年白茶香气以成熟的果香、枣香为主，而新茶以清爽花香为主。

4. 不同年份的白茶中咖啡碱含量分析

咖啡碱是茶叶重要的物质，其与茶黄素以氢键缔合后形成的复合物具有鲜爽味，因此，茶叶咖啡碱含量也常被看作是影响茶叶质量的一个重要因素。

随着储藏年份的变化，茶叶中咖啡碱含量在各年度间有所波动，但变化范围很小，这与咖啡碱的化学性质有关。咖啡碱是嘌呤碱杂环化合物，因具有环状结构而比较稳定，在对6大茶类的成分比较中，咖啡碱的含量相对于其他成分较稳定，这与华南理工大学的高力教授研究的不同年份普洱茶中咖啡碱的变化幅度也比较小的结论一致。

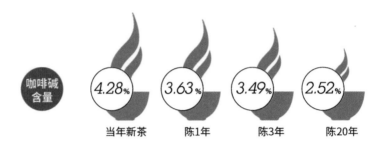

咖啡碱含量 | 4.28% | 3.63% | 3.49% | 2.52%

当年新茶　　　陈1年　　　陈3年　　　陈20年

● 不同年份白茶的咖啡碱比较

5. 不同年份的白茶中可溶性糖含量分析

可溶性糖是构成白茶茶汤滋味和粘稠度的重要物质，茶叶中的可溶性糖主要是单糖和双糖，是组成茶汤"甘甜"滋味的最主要物质之一。由上图可知，不同年份的白茶中可溶性糖的含量在1.96%-2.76%之间，含量差异不显著，说明可溶性糖比较稳定，不易发生转化，从而保证不论是新白茶还是老白茶都醇厚甘甜。

白茶同普洱茶一样，在多年的存放过程中，茶叶内含物会缓慢氧化，白茶的品质特点也在潜移默化中改变，白茶经长时间贮藏，滋味最终转变成迷人优雅的陈韵。很多人爱白茶就是喜欢白茶这种随时间变化而转变的特质。这也是老白茶的魅力所在。

6. 不同年份的白茶的香气变化

陈年白茶的陈香逐渐显现，醇类化合物含量减少，碳氢化合物含量增加，这与绿茶、普洱茶在贮藏过程中的变化相似。在贮藏过程中，花果香型的芳樟醇及其氧化物、香叶醇、水杨酸甲酯、苯乙醇、橙花叔醇等香气成分降低，使白茶的清鲜、毫香感逐渐减少甚至消失。在广东的一些普洱茶中我们检测出的物质有散发温和木香、沉香的雪松醇，有香豆素和麝香样气息的二氢猕猴桃内酯，有煤油味的2-甲基萘，有柏木、杉木气息的柏木烯、有β-柏木烯为主的多种不饱和烯烃等。这些可能是陈年白茶香气陈纯的物质基础。此外，加之果香型的苯甲醛，紫罗兰香型的α-紫罗酮，果香、花香、木香香型的β-紫罗酮，玫瑰香、叶香、果香香型的香叶基丙酮等的协调作用，共同形成了白茶陈香中带有枣香、梅子香等香型特点。

三、如何才能收藏一份好白茶？

白茶存放时间越长，其药用价值越高，这一点在业界是得到广泛认同的。加之白茶储存方便，只要在干燥、避光、无异味的条件下，就能长期保存，所以近年来，老白茶收藏市场，不断升温，呈现火热状态。

但市面上陈期在10年以上的"老白茶"，其实是很少的。因为过去白茶一般以散茶的形式被存放，储存所占库容量大，加之白茶属于小众茶类，消费区域主要在珠三角和香港，少量出口欧美等地，所以保存下来的"老白茶"少之又少。

收藏白茶，一是要看品质。必须是品质值得信任的白茶，才具有收藏价值。刚接触白茶的爱好者，建议还是收入知名品牌的产品，因为品牌产品的质量有保证。如果你有足够的专业知识，而且喜欢更加个性和有特色的产品，建议从品种和产地入手收茶，最好收藏福鼎和政和产区的高山茶。建阳产区的水仙白和用菜茶制成的小白，目前市场上量不多，也是不错的选择。二是要看存放是否得当。存放白茶与存放普洱茶的讲究差不多，只要做好以下五个方面的管控就可以了：

1. 气味

茶叶本身的吸味性较强，很容易吸附空气中其他物质的气味，如跟其他味道较重的物质（化妆品、樟脑丸等）放在一起，便容易串味。

2. 水分

保持茶叶的相对干燥，要注意水分不能过多，否则会引起霉变。一般而言，空气湿度在70%左右，白茶茶叶的含水量在7%以下为佳。

3. 光线

避免阳光直射茶叶，否则会加速茶叶内各种光化学反应，进而影响白茶的口感。

4. 空气

白茶存储要有相对密闭的空间，注意不可过分通风，否则白茶天然的香气会流失；亦不可过分密闭，使白茶无法转化。

5. 温度

切记白茶属后发酵茶，不能像绿茶一样放入冰箱存放，在常温下保存即可。

当然，如果是为了投资，了解一款茶叶的产量，尤其是品牌茶的市场投放量，以及生产该款茶企业的影响力和推广的力度，也是得知其未来升值空间的关键。坚持每年收藏一部分品质稳定的产品，我们便可以一边享受白茶存放过程中品质变化带来的品饮快感，一边从中获得收益。

四、陈年白茶的标准

　　从清末民初一直到现在的普洱茶老茶，每个时期都有标杆性的产品诞生：从清末民初的宋聘号、福元昌等老茶号的号级茶，到20世纪五六十年代的中茶红印，再到20世纪80年代末期勐海茶厂的7542，我们都能找到对应的标准样品。而老白茶不同，在2000年以前还很少有人去研究它，加上市场上老白茶的存量稀少，因此建立白茶老茶的标准较为困难。幸运的是，香港的一些老茶号至今还存有少量的50年左右陈期的老白茶。而在广东，由于普洱的兴起，白茶滞销，市场上也有一些被遗忘了的白茶，得以保存下来。这些都成了老白茶难得的标准样。

　　老白茶要如何冲泡和品鉴呢？这是有讲究的。如果茶本身的制作和仓储条件够好，年份也够久的话，其药香和荷叶香会一贯到底，喝过后能让人感到很舒服。下面，就以陈期为50年、43年、29年、25年、21年、19年、16年、13年、10年和6年的几款老白茶为例，为大家示范正确品评一款老白茶的方法和角度。

🌱 冲泡方法

投 茶 量　3g　　　　　　　冲泡器具　150mL审评杯

用　　水　桶装纯净水　　　水　　温　100℃

方　　法　先润茶一遍，浸泡5分钟

50年陈期的老白茶

生产日期　1965年以前

等　　级　寿眉

品　　种　以武夷菜茶品种为主

存放地点　香港

外　　形　以叶为主，略带芽，较碎，带有茶梗和茶籽，呈黄褐色

香　　气　荷叶香，带有药香

汤　　色　油亮，呈琥珀色

耐泡度　20泡以上

滋　　味　细腻顺滑，柔和舒适，冲泡过程中茶汤稳定性好

总　　评　目前市场发现存放时间最久的白茶，茶气足，滋味好，极为难得，是最具代表性的老白茶

● 50年陈期的老白茶的汤色与干茶

43年陈期的老白茶

生产日期　　1973年

等　　级　　寿眉

品　　种　　菜茶

存放地点　　广州

外　　形　　以叶片为主，碎，梗多，呈黄褐色

香　　气　　荷叶香和糯米香，兼有药香

汤　　色　　红浓

耐 泡 度　　16泡以上

滋　　味　　甜醇，滑顺，陈韵显

总　　评　　该茶为早期寿眉，等级低，以叶片为主，但经过存放，转化得
　　　　　　很好。前两泡略带有老茶的土味，到了第三泡就十分干净了，
　　　　　　而且滋味甘甜，顺滑，极具品饮价值，缺点是原料过于粗老

● 43年陈期的老白茶的汤色与干茶

29年陈期的老白茶

生产日期　1987年

等　　级　寿眉

品　　种　菜茶

存放地点　香港

提供单位　北京志福茗苑商贸有限公司

外　　形　以叶片为主，带有嫩茎和茶芽，叶片呈红褐色

香　　气　陈香，带有药香和果香

汤　　色　橙红明亮

耐 泡 度　16泡以上

滋　　味　甘甜，浓稠，茶气明显

总　　评　该茶为早期寿眉，嫩度尚可。冲泡后汤色红浓，滋味滑顺甘甜，茶汤冲泡后稳定性好。缺点是保管过程中干度不够

● 29年陈期的老白茶的汤色与干茶

25年陈期的老白茶

生产日期　1992年

等　　级　特级白牡丹

品　　种　福鼎大毫

存放地点　福鼎

提供单位　福建省天湖茶业有限公司

外　　形　芽叶匀整，以芽为主，白毫满披，芽身灰黑油亮

香　　气　毫香，枣香，带有陈香

汤　　色　杏黄，明亮

滋　　味　甜醇，茶汤中枣香浓

总　　评　保存很好，芽身因陈化，已由灰色转成黑色，与寿眉不同，陈年的高级白牡丹茶汤依然黄亮

● 25年陈期的老白茶的汤色与干茶

21年陈期的老白茶

生产日期　1995年

等　　级　寿眉

品　　种　福鼎大白

存放地点　广州

外　　形　以叶为主，略带芽毫和茶梗，呈暗褐色

香　　气　陈香，带有药香

汤　　色　橙红明亮

耐 泡 度　20泡

滋　　味　甜柔滑顺，厚度好，回甘佳

总　　评　该茶因为嫩度好，干茶显油亮，因此滋味厚，回味甘，三四泡过后渐入佳境，口感醇滑，甜润泛开，又夹杂着愉悦的陈香，二十泡之后仍可煮饮，甜枣香浓郁，滋味甘甜。缺点是保管过程中干度不够

● 21年陈期的老白茶的汤色与干茶

19年陈期的老白茶

生产日期　　1997年

等　　级　　特级白毫银针

品　　种　　福鼎大毫

存放地点　　福鼎

提供单位　　福建省天湖茶业有限公司

外　　形　　芽头匀整肥壮，满披白毫，芽身黑亮

香　　气　　毫香，枣香，带有陈香

汤　　色　　杏黄明亮

滋　　味　　甘甜柔美

总　　评　　储存很好，香气和滋味都非常干净，市场上陈年白毫银针很
　　　　　　少，是不可多得的陈年白毫银针标准样

● 19年陈期的老白茶的汤色与干茶

16年陈期的老白茶

生产日期　2000年

品　　种　福鼎大毫

存放地点　福鼎

提供单位　福建省天湖茶业有限公司

外　　形　以叶为主，带有芽毫和黄片，呈红褐色

香　　气　枣香，甜香

汤　　色　橙红明亮

耐 泡 度　10泡

滋　　味　甘甜滑顺

总　　评　该茶原料等级较低，但转化得不错，滋味甜醇，香气以枣香、
　　　　　　　甜香为主

●16年陈期的老白茶的汤色与干茶

13年陈期的老白茶

生产日期　　2003年

等　　级　　特级白毫银针

存放地点　　福鼎

提供单位　　福建省天湖茶业有限公司

外　　形　　芽头匀整肥壮，白毫显露，芽身黑亮

香　　气　　毫香，枣香，略带有梅子香

汤　　色　　黄明亮

滋　　味　　温润甘甜，茶汤中枣香浓郁持久

总　　评　　储存很好，毫香枣香显，且浓郁持久，茶汤温润，甘甜，又不
　　　　　　失厚度

● 13年陈期的老白茶的汤色与干茶

13年陈期的老白茶

生产日期　2003年

等　　级　贡眉

品　　种　福鼎大白

存放地点　广州

外　　形　芽叶完整，有破张，呈红褐色

香　　气　甜香中带有枣香

汤　　色　橙红明亮

耐 泡 度　10泡

滋　　味　甜柔滑顺，回甘佳

总　　评　该茶因为嫩度好，所以回味甘，入口干净。香气以枣香为主，
带有甜香

● 13年陈期的老白茶的汤色与干茶

10年陈期的老白茶

生产日期　　2006年

等　　级　　一级白牡丹

品　　种　　福鼎大毫

存放地点　　福鼎

提供单位　　福建省天湖茶业有限公司

外　　形　　芽叶匀整，成朵形，白毫显露，色泽灰绿

香　　气　　枣香，甜香

汤　　色　　杏黄明亮

滋　　味　　甜，醇厚

总　　评　　存储很好，香气滋味纯净，枣香显，滋味甜

● 10年陈期的老白茶的汤色与干茶

6年陈期的老白茶

生产日期 2010年

等　　级 寿眉

品　　种 福鼎大白

存放地点 福鼎

外　　形 色泽深褐，较多茎梗，带有茶芽

香　　气 甜香中略有枣香

汤　　色 浅橙红、明亮

耐 泡 度 8泡

滋　　味 甜醇，有粗老味

总　　评 该茶回甘好，香气以清甜香为主。缺点是略有杂味

●6年陈期的老白茶的汤色与干茶

⑥

带你看懂白茶的
世界版图

一、白茶的生产版图

  除了福建以外，还有哪些地方产白茶？白茶的工艺是不炒不揉、萎凋干燥，在江西、台湾和云南都生产过白茶。而且白茶的制作工艺还传到了印度和斯里兰卡。

  在陈椽教授主编的《制茶学》一书中，就提到福建省茶叶研究所曾以乐昌白毛茶品种试制银针和寿眉，分别将其命名为白云雪芽和白云雪片，其品质胜过白毫银针和白牡丹。1983年，江西的上饶县的大面白品种试制

● 白茶干茶

白牡丹成功，取名为仙台大白。但目前市面上江西的白茶并不多见。

而台湾的白茶加工工艺是与众不同的，在《吴振铎茶学研究论文选集》中提到，台湾白茶的加工工艺是在萎凋之后进行炒青，然后再进行初焙、回软、轻柔、复焙和补火。生产的白茶品种则包括了寿眉、白毛猴、白牡丹、莲心、银针。但现在台湾已几乎不生产白茶了。

可以说目前在国内，除了福建白茶外，以云南的白茶产量最大，在国外，斯里兰卡和印度两个国家也生产少量白茶。

云南白茶最早是产于景谷县，是以景谷大白为原料，按照白茶的工艺加工而成，由于其干茶外形白面黑底，因此取名为"月光白"。月光白在2005年前后面市，当时正值普洱热，因此月光白大多被加工成饼茶。

云南白茶的主要品种是景谷大白茶，主要种植在景谷县民乐镇的秧塔村。据传，在清道光二十年（1840年）前后，一位叫陈六九的人去澜沧江边做生意，发现了白茶种，便采下数十粒种子带回秧塔，种植在大园子地。到后来逐步扩大种植。当时产量曾达到200公斤左右，最后被广泛引种。现在大园子地仍存活着大白茶树的母树。

过去景谷大白茶主要采取烘青制法，通常使用清明前后开采的一芽二叶或一芽三叶初展的茶树鲜叶为原料，经杀青、揉捻和烘干。其成品为烘青绿茶。这种制法加工而成的景谷大白茶，属于白茶家族中的绿茶。

月光白是近十年采自景谷大白茶的原料加工而成的新品种，其制作工艺与白茶工艺相同，保持了不揉不炒的特色，在鲜叶采摘后实行自然萎凋、自然阴干，以体现出白茶的品质特征。月光白外形颜色很特别，叶片正面黑，背面白，犹如月光照在茶芽上。它的汤色透亮，呈先黄后红再黄的变化，口感蜜香馥郁，醇厚温润，齿颊留香，清爽回甘。

后来，湖南省茶叶公司开始在普洱市的南岛河建立有机茶生产基地。按照白茶的工艺加工有机白茶，出口到国外。正是从那时起，云南白茶加工用的茶树鲜叶，不再局限于景谷大白茶。近几年，白茶热兴起，也影响到了云南其他地区的白茶生产，如西双版纳的勐海县、临沧的永德等地也开始加工白茶，有的甚至用大树茶的原料做茶。生产出来的白茶别有风格。

N30°

● 世界白茶产区分布图

🌱 云南白茶的分类

白毫银针

选用景谷大白茶的单芽制成，芽头
肥壮、较长，色泽银白，满披白毫。冲
泡后除了有大叶种特有的甜香外，还带
有花果香，其滋味清甜，汤水细腻柔
和。叶底灰绿泛红、肥厚、饱满，并且
弹性好。

● 白毫银针

月光白

选用景谷大白茶的芽叶制成，等级
相当于白牡丹，干茶外形色泽黑白相

● 白毫银针叶底

间，叶面黑，叶背白，芽头肥壮，白毫浓密。冲泡后甜香浓郁，茶汤较醇
厚，鲜爽回甘。叶底红褐带黄绿，柔软且富有弹性。

大树白茶

选用临沧地区大树茶原料，按照白茶工艺制成，色泽灰绿显毫，蜜香
浓郁持久，带有花香、毫香，汤色黄亮。茶汤入喉，甜润清凉，汤水细
柔，苦涩味低，回甘生津效果好，饮后满嘴生津。10泡过后，滋味犹存，
十分耐泡。

● 月光白

● 大树白茶

🌱 国外的白茶分类

斯里兰卡白茶

　　斯里兰卡生产白茶的历史大约有50年，在刚兴起时主要是满足日本市场的需要，是按照白茶的工艺来进行生产的。斯里兰卡白茶的采摘时间一般在早上的5点半到6点半之间，然后从6点半开始对其进行晾晒，要晒到上午10点半，之后再将其放到屋内摊凉。这类似于我们的室内萎凋，这样反复进行四到五天，再进行干燥便制成了。斯里兰卡

● 斯里兰卡白茶

● 斯里兰卡白茶叶底

白茶的产量很少，主要是银针（Silver Tips），产地在努沃勒埃利耶（Nuwara Eliya）、乌瓦（Uva）等高海拔茶区。

● 斯里兰卡茶园，茶友李木子供图

● 印度大吉岭茶园，茶友陈莉莎提供

斯里兰卡的白茶主要以银针为主，茶芽不如云南的景谷大白茶肥壮，但紧结重实，茶芽呈灰白色，白毫满披。冲泡后有甜香、毫香，兼有花果香，香气浓郁且较持久。滋味清甜醇厚。叶底灰绿泛红、肥厚、饱满、弹性好。

印度白茶

印度的白茶制作工艺与我国基本相同，但是品种与我国福建的白茶有显著差异，与云南白茶相近。印度白茶主要产自大吉岭和尼尔吉里地区，主要为白毫银针和白牡丹两个品种。这些产区所产白茶以其物种多样性和花果香而闻名。

通常，印度白茶采摘自海拔1500-2000米的山区。人们认为这种地理环境下的寒冷且稀薄的空气增强了茶叶中的芳香化合物，这些化合物大多以浓缩形式存在于幼芽和新叶中。为了保留芽叶中的香气，制作工序需要减少，工序不超过两步即需进行萎凋和烘干。

传统的印度白茶一般是进行日光萎凋和自然萎凋，现在也有进行加温萎凋的。萎凋的时间一般在72小时以上，在茶叶萎凋后偶尔会进行手工揉捻，但遇到没有芽的鲜叶，则不需要揉捻。萎凋过后，芽叶在110℃的环境下进行干燥，以便后期的保存。印度白茶和斯里兰卡白茶的外形接近，滋味则比较清淡。

二、白茶的消费版图

长期以来，我国白茶以外销为主。出口主要的国家和地区有香港、澳门、印度尼西亚、马来西亚、德国、法国、荷兰、日本、美国和秘鲁等。福建出口的白茶主要有白毫银针、白牡丹、贡眉、寿眉、新工艺白茶、白茶片。其中福鼎出口的主要是白毫银针、白牡丹、新工艺白茶、白茶片。政和出口的主要产品为白牡丹、新工艺白茶、白茶片。建阳出口的主要产品为贡眉、寿眉、白牡丹。

香港是白茶的传统消费市场。在20世纪60年代，大陆和台湾的白茶生产商几乎平分香港的白茶市场，到20世纪70年代后，大陆逐渐超过台湾，并占主导地位，到了20世纪80年代，台湾白茶逐渐退出香港市场。过去香港就是茶叶的贸易港口，白茶除了供香港本地消费之外，还经过包装后销售到美国和欧洲的各个国家和地区。

除了港澳传统消费市场外，在国外，人们对白茶的认知度也很高。在欧洲，几乎在所有的传统茶叶店里都有白茶。在南美的阿根廷，其超市中能看到的为数不多的中国茶里就有白茶。而在国际著名的连锁店星巴克咖啡馆里，你不仅可以喝到咖啡，还可以喝到茶，其中就有中国白茶，用的是福建福鼎的白牡丹。

此外，在另一家国际知名的茶店TWG中，卖的最贵的茶叶就是来自印度大吉岭的白茶。而美国著名的茶叶公司Teavana，也把白茶单独分成一大类，力推白茶。这与过去的历史情形不同：在过去，出口的白茶大多是被拼配到红茶里，用以提高红茶的外形。而现在，白茶在国外大多同其他的花干和果干拼在一起饮用，以更接近国外消费者的调饮习惯。

近些年，随着各地对白茶的推广，国内的白茶市场也由珠三角地区向

全国扩展，白茶市场逐渐从国外转向国内。在北京的马连道茶叶街，由于来自福建的企业多，且主要经营白茶品牌的企业，如品品香、绿雪芽等，从早期就扎根于此，有的甚至是从马连道起家的。所以马连道以及与其相连通的整个北方市场，便成了这轮白茶热的发源地之一。

广州芳村茶叶市场是白茶早期的集散地，除了供应当地消费外，经芳村流通的白茶有不少是销到中国香港和国外的俄罗斯、马来西亚等地的。而位处中部的郑州白茶市场，虽然兴起比较晚，但发展非常快。在当地的国香茶城曾经连续举办过两届"河南省白茶会"，培育了一大批白茶的爱好者，让白茶这一品类走进了中部的千家万户，成为河南茶叶市场的一道亮点。

总之，中国白茶是世界白茶之源，整个白茶家族从兴起到发展壮大的轨迹，不仅仅印证了中国茶叶市场与时俱进的过程，而且对整个世界白茶市场有不可低估的影响。令人期待的是，白茶消费作为这个时代的一大特色，必将在更长久的日月中散发令世人瞩目的光芒。

泡好白茶是一种技术，
也是一种生活艺术

中国人对喝茶这件事有着极高的心理期待和极细致的行为讲究。古有斗茶、点茶活动，今有各种各样的茶会和雅集。从对茶叶有所记载的封建社会开始，各个社会阶层的人讲喝茶，都好像是一件大雅的事情。

讲到这一点，民国文人周作人就曾经感慨地说过："喝茶当于瓦屋纸窗之下，清泉绿茶，用素雅的陶瓷茶具，同二三人共饮，得半日之闲，可抵十年的尘梦。"可见，只要喝下一杯茶，再多的辛苦都被消解了。这是作家的一种美好的向往，认真论起来，似乎无论古今，人们对茶本身的色香味形的追求初衷是一样的，只是因为时代和审美眼光的变化，各个时代的人对一杯好茶有了不同的理解。

● 时间博物馆内的正德茶庐

而中国白茶，生于山野，成在天然。它经过多少年的风霜，才拥有了今日的容颜。如今，我们正面临选择，市面上有各种各样的白茶，不同品种的白茶，泡法也各有不同。那如何才能泡出一杯美味的白茶？如何把泡茶这件事变为一种生活的艺术呢？

我们对读者泡白茶的建议是，器皿最好选用盖碗。此外，紫砂壶、玻璃杯和飘逸杯也是不错的选择。泡茶的水建议使用纯净水，如果想用矿泉水来冲泡，水质一定要软。在冲泡过程中要掌握好茶水的比例，根据茶叶的老嫩度控制好水温。越嫩的茶叶，其对温度的要求也越低，但水温最低不要低于85℃。另外，老白茶要用沸水冲泡。

最后，由于每个人的口感和习惯不同，可根据个人的喜好，通过调节茶叶的浸泡时间来控制茶汤的浓度。

一、冲泡白茶的器皿选择

1. 盖碗

冲泡白茶，盖碗是最为常用的器具，但初次使用，掌握难度较大，容易烫手。注意冲泡时的开水不要没过盖碗的杯盖。冲泡时建议先润茶，即注入少许开水，把茶先润湿，然后再注入开水进行浸泡，浸泡过程中可以闻杯盖，闻茶香。

2. 玻璃杯

玻璃杯适合冲泡白毫银针和高级白牡丹，我们可以通过玻璃杯来观看茶叶优美的外形，以及茶叶在冲泡过程中叶形的变化，一般情况下，在200毫升的玻璃杯中投放5g左右的茶就可。冲泡过程中可先进行润茶，倒少量的开水，水没过茶叶即可，泡5秒左右就可以将水倒出，之后，可以闻杯中的茶香。

● 泡茶需要经过备茶、温杯、出水、投干茶、注水、出汤几个步骤

● 场地：正德茶庐

● 出镜：安心

3. 紫砂壶

用紫砂壶冲泡白茶，需要选择壶口宽、壶身大，而且出水快的壶。因为白茶的条索比较大，壶口宽便于投茶，出水快便于掌握茶汤的浓度。除了紫砂壶外，也可以选择玻璃壶来进行冲泡。

4. 飘逸杯

在办公室泡茶，可以选择简单方便的飘逸杯。不仅便捷，而且可以很好地实现茶水分离，不至于浸泡时间过长，导致茶汤过浓，影响茶汤的品饮口感。

5. 煮茶壶

老白茶很适合煮着喝。过去常用烧水用的紫砂或陶壶来煮茶，而现在，市面上已有不少茶具厂商开发出专门用来煮茶的茶壶。

● 陶炉

● 投白毫银针干茶入杯；投茶量为8g左右，水温为90℃左右；
　第一泡冲泡，30秒后出汤

二、不同白茶的具体泡法

1. 白毫银针

冲泡白毫银针时，由于其茶叶嫩度很高，冲泡水温就不宜过高，一般控制在90℃左右。白毫银针满披白毫，出汁较慢，所以可适当延长冲泡时间，一般以30秒左右为宜。

以盖碗冲泡为例：投茶量为8g左右，水温为90℃左右，第一泡冲泡，30秒后可出汤，往后每泡冲泡时间可延长5秒左右。

● 白毫银针

● 用盖碗冲泡的白毫银针，根根独芽

2. 白牡丹

白牡丹原料的采摘，要求鲜叶嫩度适中，一般以一芽一叶、一芽二叶为主，兼采一芽三叶和幼嫩的对夹叶。所以在冲泡白牡丹时水温不可过低，否则茶汁难出，水温一般需控制在95℃左右。

以盖碗冲泡为例：投茶量为8g左右，水温为95℃左右，第一泡冲泡，20秒后可出汤，第二泡冲泡15秒，往后每泡冲泡时间可延长5秒左右。

● 白牡丹 　　　　　● 盖碗中的白牡丹

3. 贡眉及寿眉

贡眉与寿眉大多以叶为主，原料相对粗老，所以在冲泡时，可用沸水冲泡。

以盖碗冲泡为例：投茶量为8g左右，水温为100℃，第一泡冲泡，30秒后可出汤，第二泡冲泡20秒，往后每泡冲泡时间可延长5秒左右。

● 寿眉 　　　　　● 盖碗冲泡的寿眉

4. 新工艺白茶

新工艺白茶制作过程中增加了轻揉的制作工艺，这一方面改变了其成茶不卷曲的状况，另一方面，叶片组织破碎促进了轻微发酵的进行，其茶汤滋味趋浓。其基本特征是浓醇清甘又有闽北乌龙的"馥郁"，宜用沸水冲泡，出汤相对较快。

5. 老白茶

大多老白茶存放时间较长，一般用沸水冲泡，需润茶一两遍，一是为了除去杂味，二是为了更好地发挥其茶性。而老白茶出汤速度比新茶快，所以在冲泡时需控制时间。

● 老白茶

以盖碗冲泡为例：投茶量为8g左右，用沸水冲泡，第一泡冲泡，10秒后可出汤，往后每泡冲泡时间可延长5秒左右。

还有一点是，老白茶在经过冲泡味道变淡后，可加水煮饮，一般建议投8g茶叶，加300mL左右的水进行煮饮，煮沸后20到30秒左右可出汤，其口感有甜枣香、浓郁、滋味甘甜。

陈期在5年到10年的老白茶在煮的时候，还可以加点陈皮，滋味更甜，效果更佳。

● 陈皮和老白茶；煮饮后的老白茶滋味更佳、效果更佳

●煮好的老白茶，汤色晶莹呈琥珀色

三、冲泡白茶的步骤（下以饼茶为例）

（1）取出白茶饼，把专门用来撬饼茶的茶刀或者茶针，从茶饼侧面慢慢沿边缘插入，在轻轻往上翘，让茶饼松开，之后再把茶饼相对完整地撬开，避免茶叶被撬碎。

（2）把撬开的白茶投到茶碗中，用盖碗冲泡的茶量控制在5-8g之间。通常先进行温润泡，让茶舒展开来，老茶也可以达到洗茶的效果，然后再进行正式冲泡。白茶因为未炒未揉，其中的有效物质浸出会较慢，因此浸泡时间要比绿茶长，通常要30到40秒。

（3）将冲泡好的茶水倒入分茶器中，可观赏杯中的茶汤颜色，细闻盖碗杯盖的茶香，同时也可以观看盖碗中的叶底。好的白茶叶底匀齐，芽头幼嫩肥厚，十分耐泡，10泡后滋味不变，清香犹在。

特别记录：
张天福和其身后的白茶历史

在写作《中国白茶》之前，我们曾两次前往福州，想就1963年发表于《白茶研究资料汇集》中的《福建白茶的调查研究》一文，专访这篇文章的作者，中国著名茶学家、制茶和审评专家张天福先生。奈何老人已是一百多岁的高龄，我们两次去都未遇上一个合适的时间，直到2016年11月5日上午，我们才在福州市中心的一个安静的居民小区里，见到了这位传说中的"茶界泰斗"。

老人当天的精神很不错，在听到我们已走访了福建所有的白茶产区时，他点了点头，然后请他的夫人张女士拿出一本书——那是记载了他一生幸运与坎坷经历的书——《茶叶人生》，他翻开扉页，缓慢而认真地写下了"张天福"三个字。他低头的那几分钟，好像一个世纪，这期间的家国命运、个人沉浮凸显出一个个熠熠生辉的名字：吴觉农、胡浩川、冯绍裘、陈椽、庄晚芳……这些为中国茶学技术和茶学研究教育做出了不朽贡献的人，如今在世者，只有张天福了。

生于1910年的张天福，出身于福州的名医世家，是1949年前少见的立志于中国农学的大学高才生。在20世纪三四十年代，中国因战乱频繁导致茶叶生产发展十分艰难，他一手创办了福建省建设厅福安茶业改良场（今为福建省农业科学院茶叶研究所），并出任第一任场长。为了培养茶叶人才，他又创办了福建省立福安农业职业学校，并亲任校长。在这段时间里，福建示范茶厂也是在张天福的努力下建立起来的。1949年，他刚刚40岁，他先后出任了中国福建省茶叶公司技术科科长，福建省农业厅茶叶改进处、特产处副处长。他一直在茶叶生产的第一线东奔西走。

说到张天福与白茶的缘分，首先要说他对福建茶叶的感情。在故乡，他对中国的红茶、绿茶、乌龙茶、白茶都投入了极大的热情并进行研究，他改进了茶叶的加工工艺和提高了茶叶的生产效率。具体到白茶，他在长期的实践工作当中，发现了一个问题，即白茶作为一种特种外销茶，本与红茶、绿茶、乌龙茶并列，为福建省四大茶类之一，但是直到中华人民共和国成立后，白茶生产都缺乏相对系统的记录报告，这对于提高白茶的品质和扩大白茶市场是一大阻碍。为此他花了大量的时间，深入到白茶的原产地福鼎、政和、建阳以及相邻的松溪、建瓯等地，搜集第一手资料，又历经许多个日夜，写成了《福建白茶的调查研究》一文。这篇报告的出现，填补了中国白茶在历史上的空白，也使人们第一次直观地认识到作为中国六大茶类之一的白茶。

不得不提的是，在调查中国白茶的那些岁月里，张天福正处于自己人生的低谷——他戴着不公正的"右派"帽子，被下放到山区进行劳动"改造"。但他却没有意志消沉，而是深入各茶区进行调查研究，对各种新的技术和方法进行不断的实验、总结、交流和推广，撰写了一批有分量的技术文章。除了《福建白茶的调查研究》以外，还有《影响茶树种植距离的因素》《梯层茶园表土回沟条垦法》《农业"八字宪法"在茶叶栽培上的应用》等报告，这些报告对发展中的中国茶业有很大影响。

而在《福建白茶的调查研究》中，他详细讲述了当时中国还没有内销市场的白茶的方方面面之后，开创性地指出白茶在制作方面要打破靠天吃饭的思想，提出了加温萎凋和在大红（大白茶制作的红茶）和水仙（乌龙茶类）茶区改制一部分白茶以应外销需要的建议，而这些观点和建议，直到半个世纪后的今天，还在深深影响着我们。在整个中国茶叶应对生产标准化、商品多元化、流通品牌化的时候，他的建议起到了拨云见日的作用，排除了一些产业发展中的观念障碍，并使国家收获了大量外汇储备。

我们今天写作《中国白茶》的背景，与当年有了很大差异。近十年来，一直作为外销特种茶的中国白茶由内销为零转成国内的热销茶类，白茶的产销都出现了空前的增长。在消费市场，人们看重的是白茶的天然性和保健性；在生产领域，行业的从业者也在研究和摸索一条属于自己的产销方向，这既让白茶市场大步发展，又对其提出了新的要求——一个品

●作者接过张天福亲笔题字的《茶叶人生》一书

类、一种行业、一份需求如何在新的时代被重新定义，拥有其更清晰的边界和认知呢？如何能走得更好而不是磕磕绊绊？我们为此进行了大量的研究，并带着种种问题，与走过一个世纪的老人张天福进行了面对面的讨论和交流。

犹记得2010年，在福州举办的"百名记者话白茶——福鼎白茶中秋品茗会"的活动现场，当时100岁的张天福深有体会地说："凡有客人到我家里喝茶，我都会泡10杯茶，头一杯就是白毫银针，第二杯是大红袍，第三杯是铁观音，第四杯是正山小种，其他六杯是国内国外的其他好茶。"这短短一句话，概括了他一生在茶叶研究工作中研究的几大茶类，又强调了

● 中国白茶发源地，张天福题字

他对白茶的感情。这是一个经百年风云依旧痴心不改的老人对中国茶叶的拳拳之心。

中国白茶从"墙内开花墙外香"到国内热销，我们所处的时代也到了一个转型期——由白茶崛起可以窥见一个正在消费升级的中国茶叶市场。根据中国茶叶流通协会发布的《2015中国茶产业消费报告》中的数字显示，至2014年末，全国茶叶内销量达到160万吨，2014年的销售额约为1500亿元；在整个国家的"十二五"期间，从2011年到2015年，我国茶叶消费群体由4.43亿人增长至4.71亿人，这其中主要是城镇饮茶人数在上升；在绿茶、红茶、乌龙茶等市场的消费上，传统主流消费产品销量仍保持稳定，同时，国内对黑茶、白茶的消费需求正在上升。

这是一个最好的时代，也是一个最具挑战的时代。就在与老人辞别的那一刻，我们握了握手，我们的目光交汇在了一起。

这是过去向未来的展望，也是未来向过去的承诺。中国白茶，中国味道，历久弥新，香传四海。

参 考 文 献

[1] 安徽农业大学主编.制茶学[M]（第二版）.北京：中国农业出版社，1989.

[2] 袁弟顺.中国白茶[M].广东：厦门大学出版社，2006.

[3] 叶乃兴.白茶科学技术与市场[M].北京：中国农业出版社，2010.

[4] 陈常颂，余文权.福建省茶树品种图志[M].北京：中国农业科学技术出版社，2016.

[5] 陈兴华.福鼎白茶[M].福建：福建人民出版社，2012.

[6] 张天福.福建白茶的调查研究[M].张天福选集，83-112.

[7] 林今团.建阳白茶初考[M].福建茶叶，1999（3）：40-42.